KUHMINSA

한 발 앞서나가는 출판사, 구민사
독자분들도 구민사와 함께 한 발 앞서나가길 바랍니다.

구민사 출간도서 中 수험서 분야

- 용접
- 자동차
- 조경/산림
- 품질경영
- 산업안전
- 전기
- 건축토목
- 실내건축

- 기술사
- 기계
- 금속
- 환경
- 보일러
- 가스
- 공조냉동
- 위험물

전문가를 위한 첫걸음, 구민사는 그 이상을 봅니다!

전국 도서판매처

• 일산남부서점 • 안산대동서적 • 대구북앤북스 • 대구하나도서
• 포항학원사 • 울산처용서림 • 창원그랜드문고 • 순천중앙서점 • 광주조은서림

www.kuhminsa.co.kr

자격증 시험 접수부터 자격증 수령까지!

원소 주기율표

머리말

2017년 전면 시행된 가스기능사 1차 필기시험이 CBT시험으로 시행되면서 이전에 출제되었던 방식보다 더욱 과년도 기출문제 비중도가 낮아졌다고 판단됩니다.

CBT시험 방식은 컴퓨터 코드화된 문제로 추출되면서 어느 한 챕터에 치우치지 않고 고루반영되는 경향을 띄게 됩니다.

이런 특성을 고려해서 본서에서는 기존 출제되었던 문항들 중에서 유사한 문항을 모으고 그중에서 대표성을 띄는 문항을 선정하여 각 문항마다 확실하게 개념을 파악하여서 이해하기 쉽도록 간결한 해설에 중점을 두었습니다.

이 한 권의 책이 미래 가스산업에 뜻을 가지신 분들과 가스산업 현장에서 종사하시는 분들께 참고가 되고 도움이 되기를 바라마지 않습니다.

애써서 노력하였으나 본의 아니게 저자의 부족함으로 인해서 오류가 있는 부분이 있거나 의견이 다른 부분은 지적해주시면 겸허하게 받아들여서 수정 보완하도록 하겠습니다.

가스의 미래에 꿈을 가지신 모든 분들께 꼭 필요한 도움이 되시길 바라봅니다.

이 책의 출판을 위해 적극적으로 도움주신 도서출판 구민사 조규백 대표님과 직원 여러분께 깊은 감사를 드립니다.

목 차

제1회 모의고사	3
제2회 모의고사	14
제3회 모의고사	23
제4회 모의고사	34
제5회 모의고사	43
제6회 모의고사	54
제7회 모의고사	65
제8회 모의고사	77
제9회 모의고사	88
제10회 모의고사	98
제11회 모의고사	108
제12회 모의고사	119
제13회 모의고사	130
제14회 모의고사	140
제15회 모의고사	151
제16회 모의고사	161

출제기준

직무분야	안전관리	중직무분야	안전관리
자격종목	가스기능사	적용기간	2025.01.01~2028.12.31
직무내용	가스 시설의 운용, 유지관리 및 사고예방조치 등의 업무를 수행하는 직무이다.		
필기검정방법	객관식	문제수	60	시험시간	1시간

필기과목명	문제수	주요항목	세부항목	세세항목
가스법령활용, 가스사고예방·관리, 가스시설 유지관리, 가스특성활용	60	1. 가스 법령 활용	1. 가스제조 공급·충전	1. 고압가스 특정·일반제조시설
				2. 고압가스 공급·충전시설
				3. 고압가스 냉동제조시설
				4. 액화석유가스 공급·충전시설
				5. 도시가스 제조 및 공급시설
				6. 도시가스 충전시설
				7. 수소 제조 및 충전시설
			2. 가스저장·사용시설	1. 고압가스 저장·사용시설
				2. 액화석유가스 저장·사용시설
				3. 도시가스 저장·사용시설
				4. 수소 저장·사용시설
			3. 고압가스 관련 설비 등의 제조·검사	1. 특정설비 제조 및 검사
				2. 가스용품 제조 및 검사
				3. 냉동기 제조 및 검사
				4. 히트펌프 제조 및 검사
				5. 용기 제조 및 검사
			4. 가스판매, 운반·취급	1. 가스 판매시설
				2. 가스 운반시설
				3. 가스 취급
			5. 가스관련법 활용	1. 고압가스안전관리법 활용
				2. 액화석유가스의안전관리 및 사업법 활용
				3. 도시가스사업법 활용
				4. 수소경제육성 및 수소안전관리법률 활용
		2. 가스사고 예방·관리	1. 가스사고 예방·관리 및 조치	1. 사고조사 보고서 작성
				2. 사고조사 장비 관리
				3. 응급조치
			2. 가스화재·폭발예방	1. 폭발범위·종류
				2. 폭발의 피해 영향·방지대책
				3. 위험장소 및 방폭구조
				4. 위험성 평가

출제기준

필기과목명	문제수	주요항목	세부항목	세세항목
가스법령활용, 가스사고예방 · 관리, 가스시설 유지관리, 가스특성활용	60	2. 가스사고 예방 · 관리	3. 부식 · 비파괴 검사	1. 부식의 종류 및 방식
				2. 비파괴 검사의 종류
		3. 가스시설 유지관리	1. 가스장치	1. 기화장치 및 정압기
				2. 가스장치 요소 및 재료
				3. 가스용기 및 저장탱크
				4. 압축기 및 펌프
				5. 저온장치
			2. 가스설비	1. 고압가스설비
				2. 액화석유가스설비
				3. 도시가스설비
				4. 수소설비
			3. 가스계측기기	1. 온도계 및 압력계측기
				2. 액면 및 유량계측기
				3. 가스분석기
				4. 가스누출검지기
				5. 제어기기
		4. 가스 특성 활용	1. 가스의 기초	1. 압력
				2. 온도
				3. 열량
				4. 밀도, 비중
				5. 가스의 기초 이론
				6. 이상기체의 성질
			2. 가스의 연소	1. 연소현상
				2. 연소의 종류와 특성
				3. 가스의 종류 및 특성
				4. 가스의 시험 및 분석
				5. 연소계산
			3. 고압가스 특성 활용	1. 고압가스 특성 및 취급
				2. 고압가스의 품질관리 · 검사기준적용
			4. 액화석유가스 특성 활용	1. 액화석유가스 특성 및 취급
				2. 액화석유가스의 품질관리 · 검사기준적용
			5. 도시가스 특성 활용	1. 도시가스 특성 및 취급
				2. 도시가스의 품질관리 · 검사기준적용
			6. 독성가스 특성 활용	1. 독성가스 특성 및 취급
				2. 독성가스 처리

01

CBT 모의고사

제1회 모의고사
제4회 모의고사
제7회 모의고사
제10회 모의고사
제13회 모의고사
제16회 모의고사

제2회 모의고사
제5회 모의고사
제8회 모의고사
제11회 모의고사
제14회 모의고사

제3회 모의고사
제6회 모의고사
제9회 모의고사
제12회 모의고사
제15회 모의고사

> CBT 시행에 따라 저자께서 출제문제를 분석하여 수험자들의 도움으로 최대한 유형에 가깝게 복원한 문제입니다.

FINAL CHECK

가스기능사 모의고사 1회

01 다음 가연성 가스 중 위험성이 가장 큰 것은?

① 수소
② 프로판
③ 산화에틸렌
④ 아세틸렌

| 해설 | • 가스의 폭발범위
　　　① 수소 : 4 ~ 75%
　　　② 프로판 : 2.1 ~ 9.5%
　　　③ 산화에틸렌 : 3 ~ 80%
　　　④ 아세틸렌 : 2.5 ~ 81%

02 다음 가스 중 독성이 가장 큰 것은?

① 염소
② 불소
③ 시안화수소
④ 암모니아

| 해설 | • 독성의 허용농도
　　　① 염소 : 1 ppm
　　　② 불소 : 0.1 ppm
　　　③ 시안화수소 : 10 ppm
　　　④ 암모니아 : 25 ppm

03 용기의 설계단계 검사 항목이 아닌 것은?

① 단열성능
② 내압성능
③ 작동성능
④ 용접부의 기계적 성능

| 해설 | • 용기 설계단계 검사 항목
　　　㉠ 재료의 기계적·화학적 성능
　　　㉡ 용접부의 기계적 성능
　　　㉢ 단열성능
　　　㉣ 내압성능
　　　㉤ 기밀성능
　　　㉥ 그 밖에 용기의 안전 확보에 필요한 성능

04 액화 염소가스의 1일 처리능력이 38,000[kg] 일 때 수용정원이 350명인 공연장과의 안전거리는 얼마를 유지하여야 하는가?

① 17[m]　　② 21[m]
③ 24[m]　　④ 27[m]

| 해설 | • 독성, 가연성가스 1일 처리능력 3만 초과 ~ 4만 이하의 경우
　　　① 제1종 보호시설 : 27[m] 이상
　　　② 제2종 보호시설 : 18[m] 이상

| 정답 | 01. ④　02. ②　03. ③　04. ④

05 다음 각 독성가스 누출시의 제독제로서 적합하지 않은 것은?

① 염소 : 탄산소다수용액
② 포스겐 : 소석회
③ 산화에틸렌 : 소석회
④ 황화수소 : 가성소다수용액

| 해설 | 산화에틸렌 제독제 : 다량의 물

06 다음 중 공기액화 분리장치의 주요 구성 요소가 아닌 것은?

① 공기압축기
② 팽창밸브
③ 열교환기
④ 수취기

| 해설 | 수취기는 저압가스(도시가스) 공급배관에 설치한다.(물이 체류할 우려가 있는 곳)

07 가스관(강관)의 특징으로 틀린 것은?

① 구리관보다 강도가 높고 충격에 강하다.
② 관의 지수가 큰 경우 구리관보다 비경제적이다.
③ 관의 접합작업이 용이하다.
④ 연관이나 주철관에 비해 가볍다.

| 해설 | 강관은 관의 치수가 큰 경우 구리관보다 더 경제적이다.

08 아세틸렌 용기의 안전밸브 형식으로 가장 많이 사용되는 것은?

① 가용전식   ② 파열판식
③ 스프링식   ④ 중추식

| 해설 | • C_2H_2 가스 안전밸브
① 가용전식
② 용융온도 : 105±5[℃]

09 고압가스 일반제조시설에서 저장 탱크 및 가스홀더는 몇 m³ 이상의 가스를 저장하는 것에 가스방출장치를 설치하여야 하는가?

① 5   ② 10
③ 15   ④ 20

| 해설 | 가스저장 탱크 및 가스홀더는 가스가 누출하지 아니하는 구조로 하고 5[m³] 이상의 가스를 저장하는 것에는 가스방출장치를 설치할 것

10 도시가스 사용시설에서 가스계량기는 절연조치를 하지 아니한 전선과는 몇 cm 이상의 거리를 유지하여야 하는가?

① 5   ② 15
③ 30   ④ 150

| 해설 | 전기계량기, 전기개폐기 : 60[cm]

11 습식 아세틸렌 발생기의 표면 온도는 몇 ℃ 이하로 유지하여야 하는가?

① 30   ② 40
③ 60   ④ 70

| 해설 | 습식 아세틸렌 발생기의 표면 온도는 70[℃] 이하로 유지

| 정답 | 05. ③ 06. ④ 07. ② 08. ① 09. ① 10. ② 11. ④

12 고압가스일반제조의 시설기준에 대한 내용 중 틀린 것은?

① 가연성가스 제조시설의 고압가스설비는 다른 가연성가스 고압설비와 2[m] 이상 거리를 유지한다.
② 가연성가스설비 및 저장설비는 화기와 8[m] 이상의 우회거리를 유지한다.
③ 사업소에는 경계표지와 경계책을 설치한다.
④ 독성가스가 누출될 수 있는 장소에는 위험표지를 설치한다.

| 해설 | 가연성가스제조시설 5m 이상 ▶ 다른 가연성가스의 고압설비

13 다음 중 1종 보호시설이 아닌 것은?

① 가설건축물이 아닌 사람을 수용하는 건축물로서 사실상 독립된 부분의 연면적이 1500[m²]인 건축물
② 문화재보호법에 의하여 지정문화재로 지정된 건축물
③ 교회의 시설로서 수용능력이 200인(人) 건축물
④ 어린이집 및 어린이놀이터

| 해설 | 교회는 수용능력 300인 이상 건축물의 경우 제1종 보호시설에 해당

14 내화구조의 가연성가스의 저장 탱크 상호 간의 거리가 1[m] 또는 두 저장 탱크의 최대 지름을 합산한 길이의 $\frac{1}{4}$ 길이 중 큰 쪽의 거리를 유지하지 못한 경우 물분무장치의 수량기준으로 옳은 것은?

① $4[l/m^2 \cdot min]$
② $5[l/m^2 \cdot min]$
③ $6.5[l/m^2 \cdot min]$
④ $8[l/m^2 \cdot min]$

| 해설 | ① 저장탱크 전 표면 : $8[l/m^2 \cdot min]$
② 내화구조 : $4[l/m^2 \cdot min]$
③ 준 내화구조 : $6.5[l/m^2 \cdot min]$

15 액화석유가스 용기충전시설에서 방류둑의 내측과 그 외면으로부터 몇 [m] 이내에는 저장탱크 부속설비 외의 것을 설치하지 않아야 하는가?

① 5
② 7
③ 10
④ 15

| 해설 | 방류둑의 내측과 그 외면으로부터 10[m] 이내에는 저장 탱크 부속설비 외의 것을 설치하지 아니한다.

| 정답 | 12. ① 13. ③ 14. ① 15. ③

16 C₂H₂ 제조설비에서 제조된 C₂H₂를 충전 용기에 충전시 위험한 경우는?

① 아세틸렌이 접촉되는 설비부분에 동함량 72[%]의 동합금을 사용하였다.
② 충전 중의 압력을 2.5[MPa] 이하로 하였다.
③ 충전 후에 압력이 15[℃]에서 1.5[MPa] 이하로 될 때까지 정치하였다.
④ 충전용 지관은 탄소함유량 0.1[%] 이하의 강을 사용하였다.

| 해설 | C₂H₂ 가스에 접촉되는 곳에는 62[%] 이상의 구리 함유량 사용은 금지할 것

17 압축된 가스를 단열 팽창시키면 온도가 강하하는 것은 어떤 효과에 해당되는가?

① 단열효과
② 줄–톰슨 효과
③ 서징 효과
④ 블로워 효과

| 해설 | 줄–톰슨 효과 : 압축된 가스를 단열 팽창시키면 온도가 강하한다.

18 땅속의 애노드에 강제 전압을 가하여 피방식 금속제를 캐소드로 하는 전기방식법은?

① 희생양극법   ② 외부전원법
③ 선택배류법   ④ 강제배류법

| 해설 | 외부전원법 : 땅속에 매설한 애노드에 강제 전압을 가하여 피방식 금속제를 캐소드로 하여 방식한다.

19 다음 중 무색 투명한 액체로 특유의 복숭아향과 같은 취기를 가진 독성가스는?

① 포스겐   ② 일산화탄소
③ 시안화수소   ④ 산화에틸렌

| 해설 | 시안화수소(HCN) : 무색투명하다. 액화가스이며 특유의 복숭아향의 취기를 가진 독성 (10[ppm]) 가스

20 일반적으로 기체에 있어서 정압비열과 정적비열과의 관계는?

① 정적 비열 = 정압 비열
② 정적 비열 = 2 × 정압 비열
③ 정적 비열 > 정압 비열
④ 정적 비열 < 정압 비열

| 해설 | ① 비열비 = $\dfrac{정압비열}{정적비열}$ = K > 1
② 정압비열 > 정적비열

21 가연성 물질을 공기로 연소시키는 경우에 공기 중의 산소농도를 높게 하면 연소속도와 발화온도는 어떻게 변하는가?

① 연소속도는 빠르게 되고, 발화온도는 높아진다.
② 연소속도는 빠르게 되고, 발화온도는 낮아진다.
③ 연소속도는 느리게 되고, 발화온도는 높아진다.
④ 연소속도는 느리게 되고, 발화온도는 낮아진다.

| 해설 | 산소농도가 높게 되면 연소속도가 빨라지며, 발화온도는 낮아진다.

| 정답 | 16. ① 17. ② 18. ② 19. ③ 20. ④ 21. ②

22 부르동관 압력계 사용 시의 주의사항으로 옳지 않은 것은?

① 사전에 지시의 정확성을 확인하여 둘 것
② 안전장치가 부착된 안전한 것을 사용할 것
③ 온도나 진동, 충격 등의 변화가 적은 장소에서 사용할 것
④ 압력계에 가스를 유입하거나 빼낼 때는 신속히 조치할 것

| 해설 | 부르동관(탄성식) 압력계에 가스를 유입하거나 빼낼 때는 천천히 조작할 것

23 고압가스 특정제조시설에서 배관을 해저에 설치하는 경우의 기준 중 옳지 않은 것은?

① 배관은 해저면 밑에 매설할 것
② 배관은 원칙적으로 다른 배관과 교차하지 아니할 것
③ 배관은 원칙적으로 다른 배관과 수평거리로 20[m] 이상을 유지할 것
④ 배관의 입상부에는 방호시설물을 설치할 것

| 해설 | 해저배관 설치시 원칙적으로 다른 배관과는 30[m] 이상의 수평거리를 유지할 것

24 일반도시가스 사업자 정압기의 분해점검 실시 주기는?

① 3개월에 1회 이상
② 6개월에 1회 이상
③ 1년에 1회 이상
④ 2년에 1회 이상

| 해설 | 일반도시가스 사업장의 정압기는 2년에 1회 이상 분해점검이 필요하다.

25 다음 중 2중 배관으로 하지 않아도 되는 가스는?

① 일산화탄소
② 시안화수소
③ 염소
④ 포스겐

| 해설 | 2중 배관가스 : 염소, 포스겐, 암모니아, 염화메탄, 산화에틸렌, 아황산가스, 시안화수소 또는 황화수소

26 다음 중 가연성이면서 독성인 가스는?

① 프로판   ② 불소
③ 염소   ④ 암모니아

| 해설 | • NH_3 가스
① 폭발 범위 : 15 ~ 28[%]
② 독성 허용농도 : 25[ppm]

27 수소나 헬륨을 냉매로 사용한 냉동방식으로 실린더 중에 피스톤과 보조 피스톤으로 구성되어 있는 액화사이클은?

① 클라우드 공기액화사이클
② 린데 공기액화사이클
③ 필립스 공기액화사이클
④ 캐피자 공기액화사이클

| 해설 | 필립스 공기액화사이클 : 냉매는 수소 또는 헬륨

| 정답 | 22. ④   23. ③   24. ④   25. ①   26. ④   27. ③

28 기화기, 혼합기(믹서)에 의해서 기화한 부탄에 공기를 혼합하여 만들어지며, 부탄을 다량 소비하는 경우에 적합한 공급방식은?

① 생가스 공급방식
② 공기혼합 공급방식
③ 자연기화 공급방식
④ 변성가스 공급방식

| 해설 | 공기혼합 공급방식 : 기화된 부탄에 공기를 혼합하여 제조해서 부탄을 다량 소비하는 경우 적합한 공급방식이다.

29 시간당 200톤의 물을 20[cm]의 안지름을 갖는 PVC 파이프로 수송하였다. 관 내의 평균유속은 약 몇 [m/s]인가?

① 0.9
② 1.2
③ 1.8
④ 3.6

| 해설 | 200톤 = 200000[kg] = 200[m³]

$$200 = \frac{3.14}{4} \times (0.2)^2 \times V \times 3600$$

$$\therefore V = \frac{200}{0.0314 \times 3600} = 1.77 \ [m/s]$$

30 수소(H_2)가스 분석방법으로 가장 적당한 것은?

① 팔라듐관 연소법
② 헴펠법
③ 황산바륨 침전법
④ 흡광광도법

| 해설 | ① 분별연소법 : H_2, CO 가스 분석법
② 파라듐관 연소법 : 수소량 검출

31 다음 중 공기보다 가벼운 가스는?

① O_2
② SO_2
③ H_2
④ CO_2

| 해설 | • 분자량
① 공기(29)
② 산소(32)
③ 아황산가스(64)
④ 수소(2)
⑤ 탄산가스(44)

32 메탄 95[%] 및 에탄 5[%]로 구성된 천연가스 1[m³]의 진발열량은 약 몇 kcal인가? (단, 표준상태에서 메탄의 진발열량은 8,124[cal/l], 에탄은 14,602[cal/l]이다.)

① 8151
② 8242
③ 8353
④ 8448

| 해설 | ① $CH_4 + 2O_2 \rightarrow CO_2 + 2H_2O$
② $C_2H_6 + 3.5O_2 \rightarrow 2CO_2 + 3H_2O$
$Hl = (8124 \times 0.95) + (14602 \times 0.05)$
$= 8447.9[cal/l]$

33 염소에 대한 설명 중 틀린 것은?

① 상온, 상압에서 황록색의 기체로 조연성이 있다.
② 강한 자극성의 취기가 있는 독성기체이다.
③ 수소와 염소의 등량 혼합기체를 염소폭명기라 한다.
④ 건조 상태의 상온에서 강재에 대하여 부식성을 갖는다.

| 해설 | 염소는 습한 상태에서만 강재에 부식성을 나타낸다.

| 정답 | 28. ② 29. ③ 30. ① 31. ① 32. ④ 33. ④

34 열역학적 계(system)가 주위와의 열교환을 하지 않고 진행되는 과정을 무슨 과정이라고 하는가?

① 단열과정　　② 등온과정
③ 등압과정　　④ 등적과정

| 해설 | 단열과정 : 계가 주위와의 열교환을 하지 않는 과정

35 프로판가스 60[mol%], 부탄가스 40[mol%]의 혼합가스 1[mol]을 완전연소시키기 위하여 필요한 이론 공기량은 약 몇 mol인가? (단, 공기 중 산소는 21[mol%]이다.)

① 17.7　　② 20.7
③ 23.7　　④ 26.7

| 해설 | $C_3H_8 + 5O_2 \rightarrow 3CO_2 + 4H_2O$
$C_4H_{10} + 6.5O_2 \rightarrow 4CO_2 + 5H_2O$
$\dfrac{(5 \times 0.6)+(6.5 \times 0.4)}{0.21} = 26.7[mol]$

36 황화수소에 대한 설명 중 옳지 않은 것은?

① 건조된 상태에서 수은, 동과 같은 금속과 반응한다.
② 무색의 특유한 계란 썩는 냄새가 나는 기체이다.
③ 고농도를 다량으로 흡입할 경우에는 인체에 치명적이다.
④ 농질산, 발연질산 등의 산화제와 심하게 반응한다.

| 해설 | 황화수소(H_2S)는 습기(H_2O)를 함유한 공기중에서 금, 백금 이외의 거의 모든 금속과는 반응하여 황화물을 만든다.

37 기체의 체적이 커지면 밀도는?

① 작아진다.
② 커진다.
③ 일정하다.
④ 체적과 밀도는 무관하다.

| 해설 | 기체의 체적이 커지면 밀도(kg/m^3)는 작아진다.

38 산화에틸렌 충전용기에는 질소 또는 탄산가스를 충전하는데 그 내부가스 압력의 기준으로 옳은 것은?

① 상온에서 0.2[MPa] 이상
② 35[℃]에서 0.2[MPa] 이상
③ 40[℃]에서 0.4[MPa] 이상
④ 45[℃]에서 0.4[MPa] 이상

| 해설 | 산화에틸렌(C_2H_4O)의 저장 탱크나 충전용기에는 45[℃]에서 그 내부가스의 압력이 0.4[MPa] 이상이 되도록 N_2 또는 CO_2 가스를 충전할 것.

39 다음 가스의 용기보관실 중 그 가스가 누출된 때에 체류하지 않도록 통풍구를 갖추고, 통풍이 잘 되지 않는 곳에는 강제통풍시설을 설치하여야 하는 곳은?

① 질소 저장소
② 탄산가스 저장소
③ 헬륨 저장소
④ 부탄 저장소

| 해설 | 부탄은 가연성가스로 공기보다 무거워서 바닥면에 접하여 2방향 이상의 개구부 또는 바닥면 가까이에 흡입구를 갖춘 강제통풍장치가 필요하다.

| 정답 | 34. ①　35. ④　36. ①　37. ①　38. ④　39. ④

40 용기의 재검사 주기에 대한 기준 중 옳지 않은 것은?

① 용접용기로서 신규검사 후 15년 이상 20년 미만인 용기는 2년마다 재검사
② 500L 이상 이음매 없는 용기는 5년마다 재검사
③ 저장탱크가 없는 곳에 설치한 기화기는 2년마다 재검사
④ 압력용기는 4년마다 재검사

| 해설 | 저장탱크가 없는 곳에 설치한 기화기는 재검사 주기는 3년마다(특정설비)

41 LPG 충전용 주관 압력계는 몇 개월마다 표준압력계로 교정검사를 하여야 하는가?

① 1개월 ② 2개월
③ 3개월 ④ 6개월

| 해설 | • 압력계 교정검사
　㉠ 충전용 주관 압력계 : 1개월 1회
　㉡ 기타 압력계 : 3개월 1회

42 수소가스 취급시 주의사항으로 옳지 않은 것은?

① 수소용기 안전밸브는 파열판식이다.
② 용기 밸브는 오른 나사이다.
③ 수소가스 품질검사는 피롤카롤 시약을 사용한 오르잣드법에서 순도가 98.5% 이상이어야 한다.
④ 공업용 용기 도색은 주황색이고 "연"자 표시는 백색이다.

| 해설 | 수소 용기는 가연성가스로서 용기밸브는 왼나사이다.

43 LPG 이송방법과 거리가 먼 것은?

① 차압에 의한 방법
② 액송 펌프에 의한 방법
③ 압축기 이송에 의한 방법
④ 온도차에 의한 방법

| 해설 | • LPG 이송 및 충전방법
　㉠ 차압(낙차)에 의한 방법
　㉡ 펌프 이송
　㉢ 압축기 이송

44 가연성 가스 제조설비에서 전기설비를 방폭구조로 하지 않아도 되는 것은?

① 수소
② 프로판
③ 암모니아
④ 일산화탄소

| 해설 | • 방폭구조로 하지 않아도 되는 가스
　암모니아, 브롬화메탄

45 도시가스 노출된 배관에 표시하지 않아도 되는 것은?

① 사용 가스 명칭
② 가스 흐름방향
③ 가스공급자명
④ 최고 사용압력

| 해설 | • 배관외부 표시 사항
　① 사용 가스 명칭
　② 가스 흐름방향
　③ 최고 사용압력

| 정답 | 40. ③　41. ①　42. ②　43. ④　44. ③　45. ③

46 다음은 도시가스사용시설의 월 사용 예정량을 산출하는 식이다. 이 중 기호 "A"가 의미하는 것은?

$$Q = \frac{(A \times 240) + (B \times 90)}{11,000}$$

① 월 사용 예정량
② 산업용으로 사용하는 연소기의 명판에 기재된 가스소비량의 합계
③ 산업용이 아닌 연소기의 명판에 기재된 가스소비량의 합계
④ 가정용 연소기의 가스소비량 합계

| 해설 | Q : 월사용 예정량
A : 산업용으로 사용하는 연소기의 명판에 기재된 가스소비량의 합계
B : 산업용이 아닌 연소기의 명판에 기재된 가스소비량의 합계

47 다음 독성가스의 제독제로 가성소다 수용액이 사용되지 않는 것은?

① 포스겐   ② 염화메탄
③ 시안화수소   ④ 아황산가스

| 해설 | 염화메탄의 제독제: 다량의 물

48 섭씨온도로 측정할 때 상승된 온도가 5℃이었다. 이때 화씨온도로 측정하면 상승온도는 몇 도인가?

① 7.5   ② 8.3
③ 9.0   ④ 41

| 해설 | $\frac{180(℉)}{100(℃)} \times 5 = 9.0(℉)$

49 다음은 탄화수소(C_mH_n)의 완전연소식이다. ( ) 안에 알맞은 것은?

$$C_mH_n + \left(m + \frac{n}{4}\right)O_2 \rightarrow mCO_2 + (\quad)H_2O$$

① n   ② $\frac{n}{2}$
③ m   ④ $\frac{m}{2}$

| 해설 | $C_mH_n + \left(m + \frac{n}{4}\right)O_2 \rightarrow mCO_2 + \frac{n}{2}H_2O$

50 다음 중 액면계의 측정방식에 해당하지 않는 것은?

① 압력식
② 정전용량식
③ 초음파식
④ 환상천평식

| 해설 | 환상천평식 : 압력계

51 LP가스 용기로서 갖추어야 할 조건으로 틀린 것은?

① 사용 중에 견딜 수 있는 연성, 인장강도가 있을 것
② 충분한 내식성, 내마모성이 있을 것
③ 완성된 용기는 균열, 뒤틀림, 찌그러짐 기타 해로운 결함이 없을 것
④ 중량이면서 충분한 강도를 가질 것

| 해설 | 가스용기의 무게가 무거우면 운반취급에 어려움이 있다.

| 정답 | 46. ② 47. ② 48. ③ 49. ② 50. ④ 51. ④

52 다음 중 벨로우즈식 압력측정장치와 가장 관계가 있는 것은?

① 피스톤식 ② 전기식
③ 액체 봉입식 ④ 탄성식

해설 | 벨로우즈식, 다이어프램식, 브르돈관식은 탄성식 압력계

53 공기 중에서 폭발하한이 가장 낮은 탄화수소는?

① CH_4 ② C_4H_{10}
③ C_3H_8 ④ C_2H_6

해설 |
- 메탄 CH_4 : 5~15%
- 부탄 C_4H_{10} : 1.8~8.4%
- 프로판 C_3H_8 : 2.1~9.5%
- 에탄 C_2H_6 : 3~12.5%

54 다음 각 가스의 특성에 대한 설명으로 틀린 것은?

① 수소는 고온, 고압에서 탄소강과 반응하여 수소취성을 일으킨다.
② 산소는 공기 액화분리장치를 통해 제조하며, 질소와 분리시 비등점 차이를 이용한다.
③ 일산화탄소의 국내 독성 허용농도는 LC_{50} 기준으로 50ppm이다.
④ 암모니아는 붉은 리트머스를 푸르게 변화시키는 성질을 이용하여 검출 할 수 있다.

해설 | 일산화탄소 특성 허용농도
- TLV-TWA 기준 : 50ppm
- LC_{50} 기준 : 100ppm

55 도로에 매설된 도시가스 배관의 누출여부를 검사하는 장비로서 적외선 흡광 특성을 이용한 가스누출 검지기는?

① FID
② OMD
③ CO 검지기
④ 반도체식·검지기

해설 | OMD : 도로에 매설된 배관의 적외선 흡광 특성을 이용한 가스 누출 검지기

56 도시가스 중 에틸렌, 프로필렌 등을 제조하는 과정에서 부산물로 생성되는 가스로서 메탄이 주성분인 가스를 무엇이라 하는가?

① 액화천연가스
② 석유가스
③ 나프타부생가스
④ 바이오가스

해설 | 나프타 : 정유가스 중 상압중류에서 생성되는 200℃ 전후의 유분으로 도시가스 제조에 이용된다.

57 다음 중 전기방식법에 속하지 않는 것은?

① 희생양극법 ② 외부전원법
③ 배류법 ④ 피복방지법

해설 | 전기방식법 : 희생양극법, 외부전원법, 선택배류법, 강제배류법

정답 | 52. ④ 53. ② 54. ③ 55. ② 56. ③ 57. ④

58 아세틸렌가스 또는 압력이 9.8MPa 이상인 압축가스를 용기에 충전하는 경우에 압축기와 그 충전장소 사이에 다음 중 반드시 설치해야 하는 것은?

① 가스방출장치
② 안전밸브
③ 방호벽
④ 압력계와 액면계

| 해설 | 아세틸렌가스 또는 압력이 9.8MPa 이상인 압축가스를 용기에 충전하는 경우 반드시 방호벽을 설치할 것

59 프로판가스의 위험도(H)는 약 얼마인가?
(단, 공기 중의 폭발범위는 2.1 ~ 9.5v%이다.)

① 2.1
② 3.5
③ 9.5
④ 11.6

| 해설 | $H = \dfrac{\mu - L}{L} = \dfrac{9.5 - 2.1}{2.1} = 3.52$

60 다음 중 고압가스 관련 설비가 아닌 것은?

① 일반압축가스 배관용 밸브
② 자동차용 압축천연가스 완속충전 설비
③ 액화석유가스용 용기잔류가스 회수 장치
④ 안전밸브, 긴급차단장치, 역화방지장치

| 해설 | • 고압가스 관련설비
　㉠ 안전밸브, 긴급차단장치, 역화방지장치
　㉡ 기화장치
　㉢ 압력용기
　㉣ 자동차용 가스자동 주입기
　㉤ 독성가스 배관용 밸브

| 정답 | 58. ③　59. ②　60. ①

FINAL CHECK

가스기능사 모의고사 2회

01 가스를 사용하려 하는데 밸브에 얼음이 얼어붙었다. 이때 조치방법으로 가장 적절한 것은?

① 40[℃] 이하의 더운물을 사용하여 녹인다.
② 800[℃]의 램프로 가열하여 녹인다.
③ 1,000[℃]의 뜨거운 물을 사용하여 녹인다.
④ 가스토치로 가열한다.

| 해설 | 가스밸브 얼음제거는 40[℃] 이하 더운물

02 공업용 질소용기의 문자 색상은?

① 백색   ② 적색
③ 흑색   ④ 녹색

| 해설 | 질소의 용기 문자 색상 : 백색

03 방류둑에는 계단, 사다리 또는 토사를 높이 쌓아올림 등에 의한 출입구를 둘레 몇 m마다 1개 이상을 두어야 하는가?

① 30   ② 40
③ 50   ④ 60

| 해설 | 방류둑의 사다리는 둘레 50[m]마다 1개 이상의 출입구가 필요하다.

04 원통형의 관을 흐르는 물의 중심부의 유속을 피토관으로 측정하였더니 전압과 정압의 차가 수주 10[m]이었다. 이때 중심부의 유속은 약 몇 m/s 인가?

① 10   ② 14
③ 20   ④ 26

| 해설 | • $V = k\sqrt{2gh} = \sqrt{2 \times 9.8 \times 10} = 14[m/s]$
• 전압 = 정압 + 동압

05 다음 중 표준상태에서 비점이 가장 높은 것은?

① 나프타   ② 프로판
③ 에탄   ④ 부탄

| 해설 | • 비점
① 나프타(200 ~ 300[℃])
② 에탄(-88.63[℃])
③ 프로판(-42.1[℃])
④ 부탄(-0.5[℃])

06 다음 비열에 대한 설명 중 틀린 것은?

① 단위는 kcal/kg · ℃이다.
② 비열이 크면 열용량도 크다.
③ 비열이 크면 온도가 빨리 상승한다.
④ 구리(銅)는 물보다 비열이 작다.

| 해설 | 비열(kcal/kg·K)이 크면 온도상승이 느리다.

| 정답 | 01. ① 02. ① 03. ③ 04. ② 05. ① 06. ③

07 다음 중 표준대기압에 해당되지 않는 것은?

① 760[mmHg]
② 14.7[PSI]
③ 0.101[MPa]
④ 1013[bar]

| 해설 | • 표준대기압(atm)
1.01325[bar] → 1013mbar

08 펌프의 회전 수를 1,000[rpm]에서 1,200[rpm]으로 변화시키면 동력은 약 몇 배가 되는가?

① 1.3   ② 1.5
③ 1.7   ④ 2.0

| 해설 | $PS = p \times \left(\frac{N_2}{N_1}\right)^3 = 1 \times \left(\frac{1200}{1000}\right)^3$
= 1.728배

09 LPG 용기에 사용되는 조정기의 기능으로 가장 옳은 것은?

① 가스의 유량 조정
② 가스의 유출 압력 조정
③ 가스의 밀도 조정
④ 가스의 유속 조정

| 해설 | 압력조정기의 기능 : 가스의 유출 압력 조정

10 고온 배관용 탄소강관의 규격 기호는?

① SPPH
② SPHT
③ SPLT
④ SPPW

| 해설 | ① SPPH : 고압배관용
② SPHT : 고온배관용
③ SPLT : 저온배관용
④ SPPW : 수도용 아연도금 배관용

11 다음 아세틸렌에 대한 설명 중 틀린 것은?

① 연소시 고열을 얻을 수 있어 용접용으로 쓰인다.
② 압축하면 폭발을 일으킨다.
③ 2중 결합을 가진 불포화 탄화수소이다.
④ 구리, 은과 반응하여 폭발성의 화합물을 만든다.

| 해설 | 아세틸렌은 3중결합의 불포화 탄화수소이다.

12 다음 수소(H_2)에 대한 설명으로 옳은 것은?

① 3중 수소는 방사능을 갖는다.
② 밀도가 크다.
③ 금속재료를 취화시키지 않는다.
④ 열전달율이 아주 작다.

| 해설 | • 수소(H_2) 가스
① 수소의 밀도 :
2[kg]/22.4[m³] = 0.089[kg/m³]
② 수소 취성을 일으킨다. :
$Fe_3C + 2H_2 \rightarrow CH_4 + 3Fe$
③ 열전도율이 매우 크고 열에 대해 안정하다.

| 정답 | 07. ④ 08. ③ 09. ② 10. ② 11. ③ 12. ①

13 산소없이 분해폭발을 일으키는 물질이 아닌 것은?

① 아세틸렌 ② 히드라진
③ 산화아틸렌 ④ 시안화수소

| 해설 | • 시안화수소
　　　　① 산화폭발　　② 중합폭발

14 다음 암모니아에 대한 설명 중 틀린 것은?

① 무색무취의 가스이다.
② 암모니아가 분해하면 질소와 수소가 된다.
③ 물에 잘 용해된다.
④ 유안 및 요소의 제조에 이용된다.

| 해설 | 암모니아(NH_3) 가스는 상온 상압에서 자극성 냄새를 가진 무색의 기체이다.

15 가스액화분리장치 중 축냉기에 대한 설명으로 틀린 것은?

① 열교환기이다.
② 수분을 제거시킨다.
③ 탄산가스를 제거시킨다.
④ 내부에는 열용량이 적은 충전물이 들어 있다.

| 해설 | 축냉기 : 가스액화장치에 사용되며 열교환과 동시에 원료공기중의 불순물인 H_2O와 CO_2(탄산가스)를 제거시키는 일종의 열교환기이다.

16 다음 중 고압가스용 금속재료에서 내질화성(耐窒化性)을 증대시키는 원소는?

① Ni ② Al
③ Cr ④ Mo

| 해설 | 내질화성 원소 : 니켈(Ni)

17 다음 유량계 중 간접 유량계가 아닌 것은?

① 피토관 ② 오리피스미터
③ 벤튜리미터 ④ 습식 가스미터

| 해설 | • 직접식 유량계
　1. 습식가스미터
　2. 오벌 기어식
　3. 루트식
　4. 로터리 피스톤식
　5. 회전원판식

18 다음 흡수분석법 중 오르잣트법에 의해서 분석되는 가스가 아닌 것은?

① CO_2 ② C_2H_6
③ O_2 ④ CO

| 해설 | • 오르잣트법에 의한 분석가스
　① CO_2
　② O_2
　③ CO
　④ N_2 = 100−(CO_2 + O_2 + CO)

19 가스 중독의 원인이 되는 가스가 아닌 것은?

① 시안화수소
② 염소
③ 아황산가스
④ 수소

| 해설 | ① 수소는 가연성가스이다.
　　　② 시안화수소, 아황산가스, 염소는 독성가스이다.

| 정답 | 13. ④　14. ①　15. ④　16. ①　17. ④　18. ②　19. ④

20 일산화탄소의 경우 가스누출검지 경보장치의 검지에서 발신까지 걸리는 시간은 경보농도의 1.6배 농도에서 몇 초 이내로 규정되어 있는가?

① 10　② 20
③ 30　④ 60

| 해설 | ① 일반가연성, 독성 : 30초 이내
② 암모니아, 일산화탄소 : 60초 이내(1분)

21 다음 중 독성가스 제해설비를 갖추어야 하는 시설이 아닌 것은

① 아황산가스 및 암모니아 충전설비
② 염소 및 황화수소 충전설비
③ 프레온 가스를 사용한 냉동제조시설 및 충전설비
④ 염화메탄 충전설비

| 해설 | 프레온 가스 : 냉매가스

22 아세틸렌의 분해폭발을 방지하기 위하여 첨가하는 희석제가 아닌 것은?

① 에틸렌　② 산소
③ 메탄　④ 질소

| 해설 | 희석가스 : 에틸렌, 메탄, 질소, 프로판 등

23 다음 중 NH_3의 용도가 아닌 것은?

① 요소 제조　② 질산 제조
③ 유안 제조　④ 포스겐 제조

| 해설 | 포스겐($COCl_2$) = CO + Cl_2

24 다음 중 시안화수소에 안정제를 첨가하는 주된 이유는?

① 분해 폭발하므로
② 산화 폭발을 일으킬 염려가 있으므로
③ 시안화수소는 강한 인화성 액체이므로
④ 소량의 수분으로도 중합하여 그 열로 인해 폭발할 위험이 있으므로

| 해설 | 시안화수소(HCN) : 2[%] 이상의 수분에 의해 중합되어 중합폭발 발생

25 다음 가스 중 열전도율이 가장 큰 것은?

① H_2　② N_2
③ CO_2　④ SO_2

| 해설 | 수소가스는 열전도율(kcal/mh℃)이 매우 크다.

26 다음 중 게이지 압력을 옳게 표시한 것은?

① 게이지 압력 = 절대압력 − 대기압
② 게이지 압력 = 대기압 − 절대압력
③ 게이지 압력 = 대기압 + 절대압력
④ 게이지 압력 = 절대압력 + 진공압력

| 해설 | ① 게이지 압력 = 절대압력 −대기압력
② 절대압력 = ㉠ 게이지 압력 + 대기압력
㉡ 대기압력 − 진공압력

27 다음 중 보일러 중독사고의 주 원인이 되는 가스는?

① 이산화탄소　② 일산화탄소
③ 질소　④ 염소

| 해설 | 보일러 불완전 연소 시 발생 가스 : 일산화탄소

| 정답 | 20. ④　21. ③　22. ②　23. ④　24. ④　25. ①　26. ①　27. ②

28 40[L]의 질소 충전용기에 20[℃], 150[atm]의 질소가스가 들어 있다. 이 용기의 질소분자의 수는 얼마인가? (단, 아보가드로수는 6.02×10^{23}이다.)

① 4.8×10^{21}
② 1.5×10^{24}
③ 2.4×10^{24}
④ 1.7×10^{26}

해설 | $\left\{40 \times 150 \times \left(\dfrac{273+20℃}{273+0℃}\right) \div 22.4\right\}$
$\times (6.02 \times 10^{23}) = 1.73 \times 10^{26}$

29 내용적이 300[L]인 용기에 액화 암모니아를 저장하려고 한다. 이 저장 설비의 저장능력은 얼마인가? (단, 액화 암모니아의 충전정수는 1.86이다.)

① 162[kg]   ② 232[kg]
③ 279[kg]   ④ 558[kg]

해설 | $G = \dfrac{V}{C} = \dfrac{300}{1.86} = 161.29[kg]$ (162[kg]임)

30 독성가스 제조시설 식별표시의 글씨 색상은? (단, 가스의 명칭은 제외한다.)

① 백색   ② 적색
③ 노란색   ④ 흑색

해설 | • 식별표지
　① 가스 명칭 : 적색
　② 글씨 색상 : 흑색
　③ 바탕색 : 백색

31 다음 독성가스 중 제독제로 물을 사용할 수 없는 것은?

① 암모니아   ② 아황산가스
③ 염화메탄   ④ 황화수소

해설 | 제독제로 물 사용 독성가스: 암모니아, 염화메탄, 아황산가스

32 다음 중 왕복식 펌프에 해당하는 것은?

① 기어 펌프   ② 베인 펌프
③ 터빈 펌프   ④ 플런저 펌프

해설 | 플런저, 워싱턴, 웨어 펌프 : 왕복식 펌프

33 다음 중 상온취성의 원인이 되는 원소는?

① S   ② P
③ Cr   ④ Mn

해설 | 상온취성의 원인 원소 : 인(P)

34 메탄(CH_4)의 성질에 대한 설명 중 틀린 것은?

① 무색, 무취의 기체로 잘 연소한다.
② 무극성이며 물에 대한 용해도가 크다.
③ 염소와 반응시키면 염소화합물을 만든다.
④ 니켈촉매 하에 고온에서 산소 또는 수증기를 반응시키면 CO와 H_2를 발생한다.

해설 | 메탄은 무극성이며 물분자와는 결합성질이 없으므로 용해도가 적다.

| 정답 | 28. ④ 29. ① 30. ④ 31. ④ 32. ④ 33. ② 34. ②

35 샤를의 법칙에서 기체의 압력이 일정할 때 모든 기체의 부피는 온도가 1℃ 상승함에 따라 0℃ 때의 부피보다 어떻게 되는가?

① 22.4배씩 증가한다.
② 22.4배씩 감소한다.
③ $\frac{1}{273}$씩 증가한다.
④ $\frac{1}{273}$씩 감소한다.

| 해설 | 샤를의 법칙에 의해 가스는 1℃ 상승함에 따라 0℃ 때의 부피보다 $\frac{1}{273}$만큼 부피가 증가

36 다음 중 LNG(액화천연가스)의 주성분은?

① C_3H_8
② C_2H_6
③ CH_4
④ H_2

| 해설 | LNG 주성분 : 메탄가스(CH_4)

37 다음의 가스가 누출될 때 사용되는 시험지와 변색 상태를 옳게 짝지은 것은?

① 포스겐 : 하리슨 시약 – 청색
② 황화수소 : 초산납 시험지 – 흑색
③ 시안화수소 : 질산구리벤젠지 – 적색
④ 일산화탄소 : 요드 칼륨 전분지 – 황색

| 해설 | 황화수소(H_2S) : 초산납 시험지(연당지) →누설 시 흑색변화(포스겐은 오렌지색, 시안화수소는 청색, 일산화탄소는 염화파라듐지 및 흑색 변화)

38 다음 중 저압식 공기액화분리장치에서 사용되지 않는 장치는?

① 여과기
② 축냉기
③ 액화기
④ 중간냉각기

| 해설 | 중간냉각기는 2단압축 냉동기에서 채택된다.

39 LPG, 액화가스와 같은 저비점의 액체에 가장 적합한 펌프의 축봉장치는?

① 싱글 시일형
② 더블 시일형
③ 언밸런스 시일형
④ 밸런스 시일형

| 해설 | 밸런스 시일 : LPG와 같은 저비점 액화가스용 축봉장치

40 펌프의 캐비테이션 발생에 따라 일어나는 현상이 아닌 것은?

① 양정곡선이 증가한다.
② 효율곡선이 저하한다.
③ 소음과 진동이 발생한다.
④ 깃에 대한 침식이 발생한다.

| 해설 | 캐비테이션(펌프의 공동현상)이 발생하면 양정곡선이 감소한다.

| 정답 | 35. ③ 36. ③ 37. ② 38. ④ 39. ④ 40. ①

41 지하에 매설하는 도시가스의 배관재료로 사용할 수 없는 배관은?

① 압력 배관용 탄소강관
② 분말용착식 폴리에틸렌 피복강관
③ 가스용 폴리에틸렌관
④ 폴리에틸렌 피복강관

| 해설 | • 지하에 매설하는 도시가스 배관
　　　　㉠ KS D 3589(폴리에틸렌 피복강관)
　　　　㉡ KS D 3607(분말용착식 폴리에틸렌 피복강관)
　　　　㉢ KS M 3514(가스용 폴리에틸렌관)

42 LP가스설비를 수리할 때 내부의 LP가스를 질소 또는 물로 치환하고, 치환에 사용된 가스나 액체를 공기로 재치환하여야 하는데, 이때 공기에 의한 재치환 결과가 산소농도측정기로 측정하여 산소농도가 얼마의 범위내에 있을 때까지 공기로 재치환하여야 하는가?

① 4 ~ 6[%]　　② 7 ~ 11[%]
③ 12 ~ 16[%]　④ 18 ~ 22[%]

| 해설 | LP가스설비 수리시 공기에 의한 재치환시에 산소농도는 18 ~ 22[%] 농도이어야 한다.

43 압축 가연성가스를 몇 m³ 이상을 차량에 적재하여 운반하는 때에 운반책임자를 동승시켜 운반에 대한 감독 또는 지원을 하도록 되어 있는가?

① 100　　② 300
③ 600　　④ 1000

| 해설 | 가연성 압축가스 운반책임자 동승기준은 300[m³] 이상(가연성 액화가스는 3000[kg] 이상)

44 일산화탄소와 공기의 혼합가스는 압력이 높아지면 폭발 범위는 어떻게 되는가?

① 변함없다.
② 좁아진다.
③ 넓어진다.
④ 일정치 않다.

| 해설 | 일산화탄소(CO) 가스는 압력이 높아지면 폭발범위는 좁아진다.(단, 다른 가스는 커진다.)

45 다음 중 고압가스 처리설비로 볼 수 없는 것은?

① 저장탱크에 부속된 펌프
② 저장탱크에 부속된 안전밸브
③ 저장탱크에 부속된 압축기
④ 저장탱크에 부속된 기화장치

| 해설 | 처리설비란 압축·액화나 그 밖의 방법으로 가스를 처리할 수 있는 설비 중 고압가스의 제조(충전을 포함한다)에 필요한 설비와 저장탱크에 부속된 펌프·압축기 및 기화장치를 말한다.

46 다음 중 흡수 분석법의 종류가 아닌 것은?

① 헴펠법
② 활성 알루미나겔법
③ 오르잣법
④ 게겔법

| 해설 | 활성 알루미나겔 : 수분 흡수제

| 정답 | 41. ①　42. ④　43. ②　44. ②　45. ②　46. ②

47 다이어프램식 압력계의 특징에 대한 설명 중 틀린 것은?

① 정확성이 높다.
② 반응속도가 빠르다.
③ 온도에 따른 영향이 적다.
④ 미소압력을 측정할 때 유리하다.

| 해설 | 다이어프램식 압력계는 온도의 영향을 받기 쉽다.

48 도시가스 공급배관에서 입상관의 밸브는 바닥으로부터 몇 m 범위로 설치하여야 하는가?

① 1[m] 이상, 1.5[m] 이내
② 1.6[m] 이상, 2[m] 이내
③ 1[m] 이상, 2[m] 이내
④ 1.5[m] 이상, 3[m] 이내

| 해설 | 도시가스 입상관의 밸브는 바닥에서 1.6 이상 ~2[m] 이내에 설치한다.

49 다음 가스의 저장시설 중 반드시 통풍구조로 하여야 하는 곳은?

① 산소 저장소   ② 질소 저장소
③ 헬륨 저장소   ④ 부탄 저장소

| 해설 | 부탄은 가연성 폭발가스이므로 반드시 통풍구조로 한다.

50 산소운반 차량에 고정된 탱크의 내용적은 몇 [L]를 초과할 수 없는가?

① 12,000   ② 18,000
③ 24,000   ④ 30,000

| 해설 | 산소차량 고정탱크 내용적은 가연성가스와 동일하게 18,000[L]를 초과하지 않는다.

51 펌프를 운전할 때 송출압력과 송출유량이 주기적으로 변동하여 펌프의 토출구 및 흡입구에서 압력계의 지침이 흔들리는 현상을 무엇이라고 하는가?

① 맥동(surging) 현상
② 진동(vibration) 현상
③ 공동(cavitation) 현상
④ 수격(water hammering) 현상

| 해설 | 맥동(서징) 현상 : 펌프 운전시 송출압력과 송출유량이 주기적으로 변동시 나타나는 현상

52 루트 미터에 대한 설명으로 옳은 것은?

① 설치공간이 크다.
② 일반 수용가에 적합하다.
③ 스트레이너가 필요없다.
④ 대용량의 가스 측정에 적합하다.

| 해설 | ①은 막식 가스미터
②는 막식
④는 루트미터 설명

53 LP가스의 용기 보관실 바닥 면적이 3[m^2]이라면 통풍구의 크기는 몇 [cm^2] 이상으로 하도록 되어 있는가?

① 500
② 700
③ 900
④ 1100

| 해설 | 바닥 1[m^2]당 통풍구 300[cm^2] 이상
∴ 300 × 3 = 900[cm^2] 이상 면적

| 정답 | 47. ③ 48. ② 49. ④ 50. ② 51. ① 52. ④ 53. ③

54 다음 중 공기액화분리장치에서 발생할 수 있는 폭발의 원인으로 볼 수 없는 것은?

① 액체공기 중에 산소의 혼입
② 공기 취입구에서 아세틸렌의 침입
③ 윤활유 분해에 의한 탄화수소의 생성
④ 산화질소(NO), 이산화질소(NO_2)의 혼입

| 해설 | 공기액화분리장치는 산소를 얻기 위함이다.

55 다음 중 저온장치에서 사용되는 저온단열법의 종류가 아닌 것은?

① 고진공 단열법
② 분말진공 단열법
③ 다층진공 단열법
④ 단층진공 단열법

| 해설 | • 저온 단열법
　　　① 고진공 단열법
　　　② 분말진공 단열법
　　　③ 다층진공 단열법

56 부하변화가 큰 곳에 사용되는 정압기의 특성을 의미하는 것은?

① 정특성
② 동특성
③ 유량특성
④ 속도특성

| 해설 | 동특성 : 부하변화가 큰 곳에 사용되는 정압기 특성

57 도시가스의 가스발생설비, 가스정제설비, 가스홀더 등이 설치된 장소 주위에는 철책 또는 철망 등의 경계책을 설치하여야 하는데 그 높이는 몇 m 이상으로 하여야 하는가?

① 1
② 1.5
③ 2.0
④ 3.0

| 해설 | 경계책 높이 : 1.5[m] 이상

58 액화가스를 충전하는 탱크는 그 내부에 액면요동을 방지하기 위하여 무엇을 설치하는가?

① 방파판
② 보호판
③ 박강판
④ 후강판

| 해설 | 방파판 : 액면요동 방지

59 다음 중 초저온용기에 대한 신규 검사항목에 해당되지 않는 것은?

① 압궤시험
② 다공도시험
③ 단열성능시험
④ 용접부에 관한 방사선 검사

| 해설 | 다공도시험은 아세틸렌 다공물질에서 실시한다.

60 다음 중 구리판, 알루미늄판 등 판재의 연성을 시험하는 방법은?

① 인장시험
② 크리프시험
③ 에릭션시험
④ 토션시험

| 해설 | 에릭션시험 : 구리판, 알루미늄판의 연성시험

| 정답 | 54. ① 55. ④ 56. ② 57. ② 58. ① 59. ② 60. ③

FINAL CHECK

가스기능사 모의고사 3회

01 다음 각 가스의 성질에 대한 설명으로 옳은 것은?

① 산화에틸렌은 분해폭발성 가스이다.
② 포스겐의 비점은 −128[℃]로써 매우 낮다.
③ 염소는 가연성가스로서 물에 매우 잘 녹는다.
④ 일산화탄소는 가연성이며 액화하기 쉬운 가스이다.

| 해설 | • 산화에틸렌(C_2H_4O) 가스의 분해
　　　　① 폭발성 인자 : 화염, 전기 스파크, 충격, 아세틸드에 의해 분해폭발
　　　　② 폭발방지가스 : 질소, 탄산가스, 불활성가스

02 다음 중 아세틸렌, 암모니아 또는 수소와 동일 차량에 적재 운반할 수 없는 가스는?

① 염소
② 액화석유가스
③ 질소
④ 일산화탄소

| 해설 | Cl_2(염소)는 C_2H_2, NH_3, H_2 가스와는 동일 차량에 적재하지 않는다.

03 다음 가스 중 착화온도가 가장 낮은 것은?

① 메탄
② 에틸렌
③ 아세틸렌
④ 일산화탄소

| 해설 | ① 메탄 : 450[℃] 초과
　　　　② 에틸렌 : 480[℃] 이하
　　　　③ 일산화탄소 : 450[℃] 초과
　　　　④ 아세틸렌 : 300 ~ 450[℃] 이하

04 다음 비열(specific heat)에 대한 설명 중 틀린 것은?

① 어떤 물질 1[kg]을 1[℃] 변화시킬 수 있는 열량이다.
② 일반적으로 금속은 비열이 작다.
③ 비열이 큰 물질일수록 온도의 변화가 쉽다.
④ 물의 비열은 약 1[kcal/kg · ℃]이다.

| 해설 | 비열이 큰 물질은 온도상승이 어렵고 온도변화가 수월하지 않다.(단위 : kcal/kg·K 또는 kj/kg·K이다.)

| 정답 |　01. ①　02. ①　03. ③　04. ③

05 소용돌이를 유체 중에 일으켜 소용돌이의 발생 수가 유속과 비례하는 것을 응용한 형식의 유량계는?

① 오리피스식
② 부자식
③ 와류식
④ 전자식

| 해설 | 와류식 유량계: 소용돌이를 유체 중에 일으켜 유속과 함께 유량측정

06 다음 가스의 일반적인 성질에 대한 설명으로 옳은 것은?

① 질소는 안정된 가스로 불활성가스라고도 하며, 고온, 고압에서도 금속과 화합하지 않는다.
② 산소는 액체공기를 분류하여 제조하는 반응성이 강한 가스로 그 자신이 잘 연소한다.
③ 염소는 반응성이 강한 가스로 강재에 대하여 상온, 건조한 상태에서도 현저한 부식성을 갖는다.
④ 아세틸렌은 은(Ag), 수은(Hg) 등의 금속과 반응하여 폭발성 물질을 생성한다.

| 해설 | 아세틸렌의 화합폭발
① $C_2H_2 + 2Hg(수은) \rightarrow Hg_2C_2 + H_2$
② $C_2H_2 + 2Ag(은) \rightarrow Ag_2C_2 + H_2$
③ $C_2H_2 + 2Cu(동) \rightarrow Cu_2C_2 + H_2$

07 도시가스사용시설의 가스계량기 설치기준에 대한 설명으로 옳은 것은?

① 시설 안에서 사용하는 자체 화기를 제외한 화기와 가스계량기와 유지하여야 하는 거리는 3m 이상이어야 한다.
② 시설 안에서 사용하는 자체 화기를 제외한 화기와 입상관과 유지하여야 하는 거리는 3m 이상이어야 한다.
③ 가스계량기와 단열조치를 하지 아니한 굴뚝과의 거리는 10cm 이상 유지하여야 한다.
④ 가스계량기와 전기개폐기와의 거리는 60cm 이상 유지하여야 한다.

| 해설 | 가스계량기와 전기 개폐기와의 거리는 60cm 이격

08 다음 중 천연가스 지하 매설 배관의 퍼지용으로 주로 사용되는 가스는?

① H_2 ② Cl_2
③ N_2 ④ O_2

| 해설 | 지하매설 배관용 퍼지가스 : 질소(N_2)

09 열전대 온도계 보호관의 구비조건에 대한 설명 중 틀린 것은?

① 압력에 견디는 힘이 강할 것
② 외부 온도 변화를 열전대에 전하는 속도가 느릴 것
③ 보호관 재료가 열전대에 유해한 가스를 발생시키지 않을 것
④ 고온에서도 변형되지 않고 온도의 급변에도 영향을 받지 않을 것

| 해설 | 열전대 보호관은 외부 온도변화를 열전대에 신속히 전달되어야 한다.

| 정답 | 05. ③   06. ④   07. ④   08. ③   09. ②

10 다음 중 LP가스의 제조법이 아닌 것은?

① 석유정제공정으로부터 제조
② 일산화탄소의 전화법에 의해 제조
③ 나프타 분해 생성물로부터의 제조
④ 습성천연가스 및 원유로부터의 제조

| 해설 | 일산화탄소 전화법은 수소를 제조하는 방법이다.

11 고압가스 운반기준에 대한 설명 중 틀린 것은?

① 밸브가 돌출한 충전용기는 고정식 프로텍터나 캡을 부착하여 밸브의 손상을 방지한다.
② 충전용기를 운반할 때 넘어짐 등으로 인한 충격을 방지하기 위하여 충전용기를 단단하게 묶는다.
③ 위험물안전관리법이 정하는 위험물과 충전용기를 동일 차량에 적재시 1m 정도 이격시킨 후 운반한다.
④ 염소와 아세틸렌·암모니아 또는 수소는 동일차량에 적재하여 운반하지 않는다.

| 해설 | 고압가스와 소방법이 정하는 위험물과는 동일차량에 운반하지 아니한다.

12 아세틸렌 용기에 다공질 물질을 고루 채운 후 아세틸렌을 충전하기 전에 침윤시키는 물질은?

① 알콜   ② 아세톤
③ 규조토   ④ 탄산마그네슘

| 해설 | • 아세틸렌 용제
① 아세톤
② 디메틸포름아미드(D.M.F)

13 나프타의 성상과 가스화에 미치는 영향 중 PONA 값의 각 의미에 대하여 잘못 나타낸 것은?

① P : 파라핀계 탄화수소
② O : 올레핀계 탄화수소
③ N : 나프틴계 탄화수소
④ A : 지방족 탄화수소

| 해설 | A : 방향족 탄화수소

14 원심식 압축기의 특징에 대한 설명으로 옳은 것은?

① 용량 조정 범위는 비교적 좁고, 어려운 편이다.
② 압축비가 크며, 효율이 대단히 높다.
③ 연속토출로 맥동현상이 크다
④ 서징 현상이 발생하지 않는다.

| 해설 | 원심식 압축기(터보형)는 용량조정 범위가 비교적 좁고 어려운 편이다.(서징 현상 발생)

15 가연성 액화가스를 충전하여 200km를 초과하여 운반할 경우 몇 kg 이상일 때 운반책임자를 동승시켜야 하는가?

① 1,000kg
② 2,000kg
③ 3,000kg
④ 6,000kg

| 해설 | 액화가스 용량이 가연성의 경우 3,000kg 이상이면 운반책임자를 동승시켜야 한다.

| 정답 | 10. ② 11. ③ 12. ② 13. ④ 14. ① 15. ③

16 LP가스설비 중 조정기(regulator) 사용의 주된 목적은?

① 유량 조절
② 발열량 조절
③ 유속 조절
④ 공급압력 조절

| 해설 | 압력조정기 : 가스공급 압력조절

17 고압가스 특정제조의 플레어스택 설치기준에 대한 설명이 아닌 것은?

① 가연성가스가 플레어스택에 항상 10[%] 정도 머물 수 있도록 그 높이를 결정하여 시설한다.
② 플레어스택에서 발생하는 복사열이 다른 시설에 영향을 미치지 않도록 안전한 높이와 위치에 설치한다.
③ 플레어스택에서 발생하는 최대 열량에 장시간 견딜 수 있는 재료와 구조이어야 한다.
④ 파일럿 버너를 항상 점화하여 두는 등 플레어스택에 관련된 폭발을 방지하기 위한 조치를 한다.

| 해설 | 플레어스택 위치 및 높이는 플레어스택 바로 지표면에 미치는 복사열이 4000[kcal/m²h] 이하가 되는 곳이다.

18 산소용기의 최고충전압력이 15MPa일 때 이 용기의 내압시험압력은 얼마인가?

① 15MPa
② 20MPa
③ 22.5MPa
④ 25MPa

| 해설 | 내압시험 : 최고충전압력 $\times \frac{5}{3}$ 배

∴ $15 \times \frac{5}{3} = 25$MPa

19 다음 각 가스의 위험성에 대한 설명 중 틀린 것은?

① 가연성가스의 고압배관 밸브를 급격히 열면 배관 내의 철, 녹 등이 급격히 움직여 발화의 원인이 될 수 있다.
② 염소와 암모니아가 접촉할 때, 염소 과잉의 경우에는 대단히 강한 폭발성 물질인 NCl_3를 생성하여 사고 발생의 원인이 된다.
③ 아르곤은 수은과 접촉하면 위험한 물질인 아르곤 수은을 생성하여 사고 발생의 원인이 된다.
④ 암모니아용의 장치나 계기로서 구리나 구리합금을 사용하면 금속이온과 반응하여 착이온을 만들어 위험하다.

| 해설 | 아르곤은 불활성가스이므로 다른 물질과 반응하지 않는다.

20 LP가스의 이송설비 중 압축기에 의한 공급방식의 설명으로 틀린 것은?

① 이송시간이 짧다.
② 재액화의 우려가 없다.
③ 잔가스 회수가 용이하다.
④ 베이퍼록 현상의 우려가 없다.

| 해설 | 압축기의 이송방식은 온도 하강시 재액화 우려가 발생된다.

| 정답 | 16. ④ 17. ① 18. ④ 19. ③ 20. ②

21 하버-보시법으로 암모니아 44g을 제조하려면 표준상태에서 수소는 약 몇 L가 필요한가?

① 22 ② 44
③ 87 ④ 100

| 해설 | • NH₃(분자량 17)
• 하버-보시법

$$\frac{3H_2}{6g} + \frac{N_2}{28g} \rightarrow \frac{2NH_3}{34g} + 24kcal$$

∴ 34:6 = 44:x, ∴ x = $6 \times \frac{44}{34}$ = 7.764g

7.764 × $\frac{22.4}{2}$ = 87L(수소가스)

22 다음 중 연소기구에서 발생할 수 있는 역화(back fire)의 원인이 아닌 것은?

① 염공이 적게 되었을 때
② 가스의 압력이 너무 낮을 때
③ 콕이 충분히 열리지 않았을 때
④ 버너 위에 큰 용기를 올려서 장시간 사용할 경우

| 해설 | ① 부식에 의해 염공이 커지면 역화 발생
② 먼지 등에 의해 염공이 작아지면 선화 발생

23 다음 온도의 환산식 중 틀린 것은?

① °F = 1.8℃ + 32
② ℃ = $\frac{5}{9}$(°F − 32)
③ °R = 460 + °F
④ °R = $\frac{5}{9}K$

| 해설 | °R(랭킨 절대온도), K(캘빈 절대온도)

24 도시가스 지하 매설용 중압 배관의 색상은?

① 황색 ② 적색
③ 청색 ④ 흑색

| 해설 | 도시가스 지하 매설용 중압배관 색상 : 적색

25 표준상태(0[℃], 101.3[kPa])에서 메탄(CH₄) 가스의 비체적(ℓ/g)은 얼마인가?

① 0.71 ② 1.40
③ 1.71 ④ 2.40

| 해설 | ① CH₄ = 분자량 16, 부피 22.4[ℓ]
② 비체적 = $\frac{22.4}{16}$ = 1.40[ℓ/g]
밀도 : g/ℓ 비체적 : ℓ/g(밀도의 역수)

26 다음 중 액화석유가스의 주성분이 아닌 것은?

① 부탄 ② 헵탄
③ 프로판 ④ 프로필렌

| 해설 | • 액화석유가스(LPG)
① 프로판 및 프로필렌
② 부탄 및 부틸렌

27 저장탱크의 방류둑 용량은 저장능력 상당용적 이상의 용적이어야 한다. 다만 액화산소 저장탱크의 경우에는 저장능력 상당용적의 몇 % 용량 이상으로 할 수 있는가?

① 40 ② 60
③ 80 ④ 90

| 해설 | 액화산소 저장탱크 방류둑 저장능력은 상당용적의 60% 이상

| 정답 | 21. ③ 22. ① 23. ④ 24. ② 25. ② 26. ② 27. ②

28 특정고압가스 사용시설의 시설기준 및 기술기준으로 틀린 것은?

① 저장시설의 주위에는 보기 쉽게 경계표지를 할 것
② 사용시설은 습기 등으로 인한 부식을 방지하는 조치를 할 것
③ 독성가스의 감압설비와 그 가스의 반응설비 간의 배관에는 역류방지 장치를 할 것
④ 고압가스의 저장량이 300kg 이상인 용기 보관실의 벽은 방호벽으로 할 것

| 해설 | 독성가스에는 일반적으로 역류방지장치가 필요하다.

29 우리나라도 지진으로부터 안전한 지역이 아니라는 판단 하에 고압가스 설비를 설치할 때에는 내진설계를 하도록 의무화하고 있다. 다음 중 내진설계 대상이 아닌 것은?

① 동체부의 높이가 3m인 증류탑
② 저장능력이 1000m³인 수소 저장탱크
③ 저장능력이 5톤인 염소 저장탱크
④ 저장능력이 10톤인 액화질소 저장탱크

| 해설 | 높이 3m인 증류탑은 내진설계에서 제외한다.

30 품질검사 기준 중 산소의 순도 측정에 사용되는 시약은?

① 동 · 암모니아 시약
② 발연황산 시약
③ 피로카롤 시약
④ 하이드로 썰파이드 시약

| 해설 | ① 산소 : 동·암모니아 시약(99.5[%] 이상)
② 아세틸렌 : 발연황산 시약(98[%] 이상)
③ 수소 : 하이드로 썰파이드 시약(98.5[%] 이상)

31 고압가스 운반시 사고가 발생하여 가스누출 부분의 수리가 불가능한 경우의 조치사항으로 틀린 것은?

① 상황에 따라 안전한 장소로 운반할 것
② 착화된 경우 용기 파열 등의 위험이 없다고 인정될 때는 그대로 둘 것
③ 독성가스가 누출할 경우에는 가스를 제독할 것
④ 비상연락망에 따라 관계업소에 원조를 의뢰할 것

| 해설 | 가스운반시 가스누출부분에 착화가 된 경우 신속히 소화시킬 것

32 액화가스의 비중이 0.8 배관직경이 50mm이고 시간당 유량이 15톤일 때 배관 내의 평균 유속은 약 몇 m/s인가?

① 1.80 ② 2.66
③ 7.56 ④ 8.52

| 해설 | 단면적 = $\frac{3.14}{4} \times (0.05)^2 = 0.0019625 m^2$

∴ $V = \frac{Q}{A} = \frac{15ton \times 1000kg}{0.0019625 \times 36000 \times 800}$
= 2.654m/s
※ 시간 = 3600초

| 정답 | 28. ③ 29. ① 30. ① 31. ② 32. ②

33 고압가스 용기 중 동일 차량에 혼합 적재하여 운반하여도 무방한 것은?

① 산소와 질소, 탄산가스
② 염소와 아세틸렌, 암모니아 또는 수소
③ 동일 차량에 용기의 밸브가 서로 마주보게 적재한 가연성 가스와 산소
④ 충전용기와 위험물안전관리법이 정하는 위험물

| 해설 | ① 산소 : 조연성가스
② 질소 : 불연성가스(폭발 범위 없음)
③ 탄산가스 : 불연성가스(폭발 범위 없음)

34 도시가스에는 가스 누출시 신속한 인지를 위해 냄새가 나는 물질(부취제)을 첨가하고, 정기적으로 농도를 측정하도록 하고 있다. 다음 중 농도측정방법이 아닌 것은?

① 오더(Odor)미터법
② 주사기법
③ 냄새주머니법
④ 햄펠(Hempel)법

| 해설 | • 도시가스 농도 측정법
㉠ 오더(Odor)미터법
㉡ 주사기법
㉢ 냄새주머니법

35 가연성물질을 취급하는 설비의 주위라 함은 방류둑을 설치한 가연성가스 저장탱크에서 당해 방류둑 외면으로부터 몇 m 이내를 말하는가?

① 5   ② 10
③ 15   ④ 20

| 해설 | 방류둑 외면 10[m] 이내는 설비의 주위이다.

36 액화암모니아 50kg을 충전하기 위하여 용기의 내용적은 몇 L로 하는가?(단, 암모니아의 정수 C는 1.86이다.)

① 27   ② 40
③ 70   ④ 93

| 해설 | V = W × C = 50 × 1.86 = 93L

37 다음 중 표준상태에서 가스상 탄화수소의 점도가 가장 높은 가스는?

① 에탄   ② 메탄
③ 부탄   ④ 프로판

| 해설 | 메탄가스의 점도가 가장 높다.

38 지상에 액화석유가스(LPG) 저장탱크를 설치할 때 냉각살수장치는 일반적인 경우 그 외면으로부터 몇 m 이상 떨어진 곳에서 조작할 수 있어야 하는가?

① 2m   ② 3m
③ 5m   ④ 7m

| 해설 | 살수장치 조작 이격거리 : 저장탱크 외면에서 5m 이상 떨어진 곳

39 도시가스사업법에서 정한 중압의 기준은?

① 0.1[MPa] 미만의 압력
② 1[MPa] 미만의 압력
③ 0.1[MPa] 이상 1[MPa] 미만의 압력
④ 1[MPa] 이상의 압력

| 해설 | ①은 저압   ②는 중압
④는 고압

| 정답 | 33. ① 34. ④ 35. ② 36. ④ 37. ② 38. ③ 39. ③

40 산화에틸렌의 충전시 저장탱크는 그 내부의 분위기가스를 질소 또는 탄산가스로 치환하고 몇 ℃ 이하로 유지하여야 하는가?

① 5　　　　② 15
③ 40　　　　④ 60

| 해설 | 산화에틸렌 가스(C_2H_4O)는 5[℃] 이하로 유지

41 고압가스를 차량으로 운반할 때 몇 km 이상의 거리를 운행하는 경우에 중간에 휴식을 취한 후 운행하도록 되어있는가?

① 100　　　② 200
③ 300　　　④ 400

| 해설 | 중간휴식 : 200[km] 운행시마다

42 전기시설물과의 접촉 등에 의한 사고의 우려가 없는 장소에서 일반도시가스사업자 정압기의 가스방출관 방출구는 지면으로부터 몇 m 이상의 높이에 설치하여야 하는가?

① 1　　　② 2
③ 3　　　④ 5

| 해설 | 가스 방출관 방출구 : 지면에서 5m 이상의 높이

43 다음 중 이상기체상수 R 값이 1.987일 때 이에 해당되는 단위는?

① J/mol·K　　② atm·L/mol·K
③ cal/mol·K　　④ N·m/mol·K

| 해설 | • R : 1.987 cal/mol·K
　　　• R : 8.314 J/mol·K

44 다음 중 독성가스의 가스 설비 배관을 2중관으로 하지 않아도 되는 가스는?

① 암모니아
② 염소
③ 황화수소
④ 불소

| 해설 | 2중관 고압가스 대상 : 포스겐, 황화수소, 시안화수소, 아황산가스, 산화에틸렌. 암모니아, 염소, 염화메탄

45 도시가스사용시설 중 20A 가스관에 대한 고정장치의 간격으로 옳은 것은?

① 1[m]　　　② 2[m]
③ 3[m]　　　④ 5[m]

| 해설 | ① 13[mm] 미만 : 1[m]
　　　② 13[mm] 이상 ~ 33[mm] 미만 : 2[m]
　　　③ 33[mm] 이상 : 3[m]

46 국제 단위계는 7가지의 SI 기본단위로 구성된다. 다음 중 기본량과 SI 기본단위가 틀리게 짝지어진 것은?

① 질량 - 킬로그램(kg)
② 길이 - 미터(m)
③ 시간 - 초(s)
④ 몰질량 - 몰(mol)

| 해설 | 몰질량 : 분자량값의 질량

| 정답 | 40. ①　41. ②　42. ④　43. ③　44. ④　45. ②　46. ④

47 다음 용기종류별 부속품의 기호가 옳지 않은 것은?

① 저온용기의 부속품 : LT
② 압축가스 충전용기 부속품 : PG
③ 액화가스 충전용기 부속품 : LPG
④ 아세틸렌가스 충전용기 부속품 : AG

| 해설 | • LT : 초저온용기 및 저온용기
• LG : 액화석유가스(LPG) 외의 액화가스

48 도시가스 배관이 10[m] 수직 상승했을 경우 배관 내의 압력은 약 몇 Pa이 되겠는가? (단, 가스의 비중은 0.65이다.)

① 44   ② 64
③ 86   ④ 105

| 해설 | H = 1.293 × (S−1)h = 1.293 × (1−0.65) × 10
= 4.5255(mmH$_2$O)
1[atm] = 101325[Pa] = 10332.5[mmH$_2$O]
∴ 4.5255[mmH$_2$O] ≒ 44[Pa]

49 압축 또는 액화 그 밖의 방법으로 처리할 수 있는 가스의 용적이 1일 100[m^3] 이상인 사업소는 표준 압력계를 몇 개 이상 비치하도록 되어 있는가?

① 1   ② 2
③ 3   ④ 4

| 해설 | 1일 가스의 용적이 100[m^3] 이상의 양을 압축, 액화시키는 사업소는 표준 압력계가 2개 이상 비치하도록 한다.

50 고압가스 충전용기 파열사고의 직접 원인으로 가장 거리가 먼 것은?

① 질소 용기 내에 5%의 산소가 존재할 때
② 재료의 불량이나 용기가 부식되었을 때
③ 가스가 과충전되어 있을 때
④ 충전용기가 외부로부터 열을 받았을 때

| 해설 | 질소는 불연성가스이므로 조연성가스 산소와는 폭발성이 없는 관계이다. 과충전에 의한 압력초과 폭발은 발생한다.

51 액화석유가스를 자동차에 충전하는 충전호스의 길이는 몇 m 이내이어야 하는가? (단, 자동차 제조공정 중에 설치된 것을 제외한다.)

① 3   ② 5
③ 8   ④ 10

| 해설 | 자동차 충전 호스 길이 : 5[m] 이내

52 프로판 가스 1[kg]의 기화열은 약 몇 [kcal]인가?

① 75   ② 92
③ 102   ④ 539

| 해설 | 프로판 가스(C$_3$H$_8$)는 기화열이 102[kcal/kg], 부탄가스는 92[kcal/kg]이다.

53 다음 중 운전 중의 제조설비에 대한 일일점검 항목이 아닌 것은?

① 회전기계의 진동, 이상음, 이상온도 상승
② 인터록의 작동
③ 제조설비 등으로부터의 누출
④ 제조설비의 조업조건의 변동상황

| 해설 | 인터록 작동은 긴급시에만 작동된다.

| 정답 | 47. ③ 48. ① 49. ② 50. ① 51. ② 52. ③ 53. ②

54 도시가스 공급시설 중 저장탱크 주위의 온도상승 방지를 위하여 설치하는 고정식 물 분무장치의 단위면적당 방사능력의 기준은? (단, 단열재를 피복한 준내화구조 저장 탱크가 아니다.)

① 2.5[L/분·m²] 이상
② 5[L/분·m²] 이상
③ 7.5[L/분·m²] 이상
④ 10[L/분·m²] 이상

| 해설 | ① 저장탱크 전표면: 8[l/분·m²] 이상
② 내화구조: 4[l/분·m²] 이상
③ 준내화구조: 6.5[l/분·m²] 이상
④ 도시가스: 5[l/분·m²] 이상

55 독성탱크의 저장탱크에는 가스의 용량이 그 저장탱크 내용적의 90[%]를 초과하는 것을 방지하는 장치를 설치하여야 한다. 이 장치를 무엇이라고 하는가?

① 경보장치
② 액면계
③ 긴급차단장치
④ 과충전방지장치

| 해설 | 과충전방지장치: 저장탱크 내용적의 90[%] 초과 주입량 방지

56 일반도시가스 공급시설의 시설기준으로 틀린 것은?

① 가스공급시설을 설치하는 실(제조소 및 공급소 내에 설치된 것에 한함)은 양호한 통풍구조로 한다.
② 제조소 또는 공급소에 설치한 가스가 통하는 가스공급시설의 부근에 설치하는 전기설비는 방폭성능을 가져야 한다.
③ 가스방출관의 방출구는 지면으로부터 5[m] 이상의 높이로 설치하여야 한다.
④ 고압 또는 중압의 가스공급시설은 최고사용압력의 1.1배 이상의 압력으로 실시하는 내압시험에 합격해야 한다.

| 해설 | 일반도시가스 공급시설 내압시험: 최고사용압력의 1.5배 이상 압력

57 다음 중 용기보관장소에 충전용기를 보관할 때의 기준으로 틀린 것은?

① 충전용기와 잔가스용기는 각각 구분하여 보관할 것
② 가연성가스, 독성가스 및 산소의 용기는 각각 구분하여 보관할 것
③ 충전용기는 항상 50[℃] 이하의 온도를 유지하고 직사광선을 받지 아니하도록 할 것
④ 용기보관 장소의 주위 2[m] 이내에는 화기 또는 인화성 물질이나 발화성 물질을 두지 아니할 것

| 해설 | 충전용기: 항상 40[℃] 이하 유지

| 정답 | 54. ② 55. ④ 56. ④ 57. ③

58 다음 중 고압가스 운반 등의 기준으로 틀린 것은?

① 고압가스를 운반할 때에는 재해방지를 위하여 필요한 주의사항을 기재한 서면을 운전자에게 교부하고 운전 중 휴대하게 한다.
② 차량의 고장, 교통사정 또는 운전자의 휴식 등 부득이한 경우를 제외하고는 장시간 정차하여서는 안된다.
③ 고속도로 운행 중 점심식사를 하기 위해 운반책임자와 운전자가 동시에 차량을 이탈할 때에는 시건장치를 하여야 한다.
④ 지정한 도로, 시간, 속도에 따라 운반하여야 한다.

| 해설 | 운반책임자와 운전자가 동시에 자동차에서 이탈하여서는 안된다.

59 방류둑 내측 그 외면으로부터 몇 m 이내에는 그 저장탱크의 부속설비 외의 것을 설치하지 않아야 하는가? (단, 저장능력이 2천톤인 가연성 가스 저장탱크 시설이다.)

① 10   ② 15
③ 20   ④ 25

| 해설 | 방류둑 내측 그 외면으로부터 10m 이내에는 부속설비 외의 것을 설치하지 않는다.

60 다음 중 주철관에 대한 접합법이 아닌 것은?

① 기계적 접합
② 소켓 접합
③ 플레어 접합
④ 빅토리 접합

| 해설 | 플레어 접합(압축이음) : 20[A] 이하의 동관

| 정답 | 58. ③ 59. ① 60. ③

FINAL CHECK

가스기능사 모의고사 4회

01 다음 중 상온에서 압축시 액화되지 않는 가스는?

① 염소   ② 부탄
③ 메탄   ④ 프로판

| 해설 | 메탄(CH_4)은 비점이 -162℃로 매우 낮아 상온 압축시 액화되지 않는다.

02 고압가스안전관리법령에 따라 "상온의 온도에서 압력이 1MPa 이상이 되는 압축가스로서 실제로 그 압력이 1MPa 이상이 되는 경우에는 고압가스에 해당한다." 여기에서 압력은 어떠한 압력을 말하는가?

① 대기압   ② 게이지압력
③ 절대압력 ④ 진공압력

| 해설 | 고압가스 정의에서 압력은 게이지압력을 말한다.

03 1.0332kg$_f$/cm^2 · a는 게이지압력(kg$_f$/cm^2 · g)으로 얼마인가?

① 0   ② 1
③ 1.0332   ④ 2.0664

| 해설 | 게이지압력 = 절대압력 - 대기압력
         = 1.0332 - 1.0332 = 0

04 햄프슨식이라고도 하며 저장조 상부로부터 압력과 저장조 하부로부터의 압력의 차로서 액면을 측정하는 것은?

① 부자식 액면계
② 차압식 액면계
③ 편위식 액면계
④ 유리관식 액면계

| 해설 | 햄프슨식은 액화산소, 초저온 액화가스에 사용되며 차압식 원리이다.

05 저장탱크 및 가스홀더는 가스가 누출되지 않는 구조로 하고 얼마 이상의 가스를 저장하는 것에는 가스방출장치를 설치하는가?

① 1m^3 ② 3m^3
③ 5m^3 ④ 10m^3

| 해설 | 가스홀더나 저장탱크 가스방출장치는 5m^3 이상 저장하는 것에 설치한다.

06 용기에 충전하는 시안화수소의 순도는 몇 % 이상으로 규정되어 있는가?

① 90   ② 95
③ 98   ④ 99.5

| 해설 | 용기 충전시 시안화수소(HCN)의 순도는 98% 이상일 것

| 정답 | 01. ③   02. ②   03. ①   04. ②   05. ③   06. ③

07 다음 중 용적식 유량계에 해당하는 것은?

① 오리피스 유량계
② 플로노즐 유량계
③ 벤투리관 유량계
④ 오벌 기어식 유량계

| 해설 | 차압식 유량계 : 오리피스, 플로노즐, 벤투리 유량계

08 특정설비 재검사 면제대상이 아닌 것은?

① 차량에 고정된 탱크
② 초저온 압력 용기
③ 역화방지장치
④ 독성가스배관용 밸브

| 해설 | 특정설비 재검사에서 차량고정 탱크는 면제대상에 속하지 않는다.

09 도시가스 사용시설에서 배관의 호칭지름이 25mm인 배관은 몇 m 간격으로 고정하여야 하는가?

① 1m마다   ② 2m마다
③ 3m마다   ④ 4m마다

| 해설 |
• 관경 13mm 이하, 1m마다 고정
• 관경 13mm에서 33mm 이하, 2m마다 고정
• 관경 33mm 이상, 3m마다 고정

10 액화석유가스용 강제용기란 액화석유가스를 충전하기 위한 내용적이 얼마 미만인 용기를 말하는가?

① 30L   ② 50L
③ 100L   ④ 125L

| 해설 | 액화석유가스 강제용기는 내용적 125L 미만의 용기이다.

11 10Joule의 일의 양을 cal 단위로 나타내면?

① 0.39   ② 1.39
③ 2.39   ④ 3.39

| 해설 | 1(J) = 0.239cal, 10(J) = 2.39

12 저장량이 1000kg인 산소저장설비는 제1종 보호시설과의 거리가 얼마 이상이면 방호벽을 설치하지 아니할 수 있는가?

① 9m   ② 10m
③ 11m   ④ 12m

| 해설 | 산소 처리 및 저장능력이 1만 이하일 때 제1종 보호시설과 안전거리는 12m이다.

13 압축 또는 액화 그 밖의 방법으로 처리할 수 있는 가스의 용적이 1일 100m³ 이상인 사업소는 압력계를 몇 개 이상으로 비치하도록 되어 있는가?

① 1   ② 2
③ 3   ④ 4

| 해설 | 1일 100m³ 처리하는 가스사업소 표준 압력계는 2개 이상 비치할 것

14 아세틸렌에 대한 설명으로 틀린 것은?

① 공기보다 무겁다.
② 일반적으로 무색, 무취이다.
③ 폭발 위험성이 있다.
④ 액체 아세틸렌은 불안정하다.

| 해설 | 아세틸린은 분자량이 26으로 공기보다 가볍다.

| 정답 | 07. ④ 08. ① 09. ② 10. ④ 11. ③ 12. ④ 13. ② 14. ①

15 공기 중에 10vol% 존재할 때 폭발의 위험성이 없는 가스는?

① CH_3Br ② C_2H_6
③ C_2H_4O ④ H_2S

| 해설 | ① CH_3Br : 13.5 ~ 14.5%
② C_2H_6 : 3 ~ 12.5%
③ C_2H_4O : 3 ~ 80%
④ H_2S : 4.3 ~ 45%

16 내용적이 300L인 용기에 액화암모니아를 저장하려고 한다. 이 저장설비의 저장능력은 얼마인가? (단, 액화암모니아의 충전정수는 1.86이다.)

① 162k ② 232kg
③ 279kg ④ 558kg

| 해설 | $G = \dfrac{V}{C}$

$\therefore \dfrac{300}{1.86} = 161.29kg$

17 고압가스 설비에 설치하는 압력계의 최고눈금에 대한 측정범위의 기준으로 옳은 것은?

① 상용압력의 1.0배 이상, 1.2배 이하
② 상용압력의 1.2배 이상, 1.5배 이하
③ 상용압력의 1.5배 이상, 2.0배 이하
④ 상용압력의 2.0배 이상, 3.0배 이하

| 해설 | 가스설비 압력계 눈금 범위는 상용압력의 1.5 ~ 2배 이하일 것

18 표준 대기압에서 물의 동결(凍結)온도로서 값이 틀린 하나는?

① 0°F ② 0℃
③ 273K ④ 492°R

| 해설 | 물의 동결온도는 화씨는 32°F다.

19 물질이 융해, 응고, 증발, 응축 등과 같은 상의 변화를 일으킬 때 발생 또는 흡수하는 열을 무엇이라 하는가?

① 비열 ② 현열
③ 잠열 ④ 반응열

| 해설 | 상태변화에 이용되는 열을 잠열이라고 한다. 이때 온도는 변하지 않는다.

20 다음은 어떤 안전 설비에 대한 설명인가?

> 설비가 잘못 조작되거나 정상적인 제조를 할 수 없는 경우 자동으로 원재료의 공급을 차단시키는 등 고압가스 제조설비 안의 제조를 제어하는 기능을 한다.

① 안전밸브
② 긴급차단장치
③ 인터록기구
④ 벤트스택

| 해설 | 인터록장치 : 오조작 방지장치

| 정답 | 15. ① 16. ① 17. ③ 18. ① 19. ③ 20. ③

21 다이어프램프식 압력계의 특징에 대한 설명 중 틀린 것은?

① 정확성이 높다.
② 반응속도가 빠르다.
③ 온도에 따른 영향이 적다.
④ 미소압력을 측정할 때 유리하다.

| 해설 | 다이어프램식 압력계는 온도에 민감하여 영향이 매우 크다.

22 LPG용기 충전시설에 설치되는 긴급차단 장치에 대한 기준으로 틀린 것은?

① 저장탱크 외면에서 5m 이상 떨어진 위치에서 조작하는 장치를 설치한다.
② 기상 가스배관 중 송출배관에는 반드시 설치한다.
③ 액상의 가스를 이입하기 위한 배관에는 역류방지밸브로 갈음할 수 있다.
④ 소형 저장탱크에는 의무적으로 설치할 필요가 없다.

| 해설 | LPG충전시설의 기상송출배관에 긴급차단장치를 반드시 설치할 필요는 없다.

23 헬라이트 토치를 사용하여 프레온의 누출검사를 할 때 다량으로 누출될 때의 색깔은?

① 황색   ② 청색
③ 녹색   ④ 자색

| 해설 | 헬라이트 토치로 프레온 누출 검사시 양에 따라서 청색 → 녹색 → 자색 → 불꺼짐

24 조정 압력이 3.3kPa 이하인 LP가스용 조정기 안전장치의 작동정지 압력은?

① 5.04~7.0kPa   ② 5.60~7.0kPa
③ 5.04~8.4kPa   ④ 5.60~8.4kPa

| 해설 | 조정압력이 3.3kPa인 것의 안전장치 작동정지 압력은 5.04~8.4kPa로서 단단 감압식 저압 조정기이다.

25 수성가스의 주성분으로 바르게 이루어진 것은?

① CO, CO_2
② CO_2, N_2
③ CO, H_2O
④ CO, H_2

| 해설 | 수성가스 : $CO + H_2$

26 다음 중 온도의 단위가 아닌 것은?

① 섭씨온도   ② 화씨온도
③ 켈빈온도   ④ 헨리온도

| 해설 | 온도단위에 헨리온도는 해당되지 않는다.

27 압력의 단위로 사용되는 SI 단위는?

① atm   ② Pa
③ psi   ④ bar

| 해설 | 압력의 SI 단위는 "Pa"

| 정답 | 21. ③ 22. ② 23. ④ 24. ③ 25. ④ 26. ④ 27. ②

28 산소의 물리적 성질에 대한 설명 중 틀린 것은?

① 물에 녹지 않으며 액화산소는 담녹색이다.
② 기체, 액체, 고체 모두 자성이 있다.
③ 무색, 무취, 무미의 기체이다.
④ 강력한 조연성가스로서 자신은 연소하지 않는다.

| 해설 | 액체 산소는 담청색을 띤다.

29 압축기를 이용한 LP가스 이·충전 작업에 대한 설명으로 옳은 것은?

① 충전시간이 길다.
② 잔류가스를 회수하기 어렵다.
③ 베이퍼록 현상이 일어난다.
④ 드레인 현상이 일어난다.

| 해설 | 압축기는 윤활유를 사용하므로 펌프와 달리 드레인이 발생한다.

30 가정용 가스보일러에서 발생하는 가스중독 사고의 원인으로 배기가스의 어떤 성분에 의하여 주로 발생하는가?

① CH_4 ② CO_2
③ CO ④ C_3H_8

| 해설 | 가정용 보일러 가스중독사고는 일산화탄소(CO)이다.

31 프로판 용기에 50kg의 가스가 충전되어 있다. 이때 액상의 LP가스는 몇 L의 체적을 갖는가?(액비중 0.85)

① 30   ② 59
③ 120   ④ 150

| 해설 | $\dfrac{50kg}{0.85kg/\ell} = 58.8\ell$

32 순수한 물 1g을 온도 14.5℃에서 15.5℃까지 높이는데 필요한 열량을 의미하는 것은?

① 1cal   ② 1BTU
③ 1J   ④ 1CHU

| 해설 | 1cal : 물 1g을 1℃ 올리는데 필요한 열량

33 가연성 고압가스 제조소에서 다음 중 착화원인이 될 수 없는 것은?

① 정전기
② 베릴륨 합금제 공구에 의한 타격
③ 사용 촉매의 접촉
④ 밸브의 급격한 조작

| 해설 | 방폭공구로 베릴륨 합금을 사용한다.

34 0℃, 2기압 하에서 1L의 산소와 0℃, 3기압 2L의 질소를 혼합하여 2L로 하면 압력은 몇 기압이 되는가?

① 2기압
② 4기압
③ 6기압
④ 8기압

| 해설 | $\dfrac{(2 \times 1) + (3 \times 2)}{2} = 4$기압

| 정답 | 28. ①   29. ④   30. ③   31. ③   32. ①   33. ②   34. ②

35 흡수식 냉동설비의 냉동능력 정의로 올바른 것은?

① 발생기를 가열하는 1시간의 입열량 3천 320kcal를 1일 냉동능력 1톤으로 본다.
② 발생기를 가열하는 1시간의 입열량 6천 640kcal를 1일 냉동능력 1톤으로 본다.
③ 발생기를 가열하는 24시간의 입열량 3천 320kcal를 1일 냉동능력 1톤으로 본다.
④ 발생기를 가열하는 24시간의 입열량 6천 640kcal를 1일 냉동능력 1톤으로 본다.

| 해설 | 흡수식 냉동설비 냉동능력은 발생기 가열 입열량 6640kcal/h를 냉동능력 1톤으로 산정한다.

36 원심펌프를 직렬로 연결하여 운전할 때 양정과 유량의 변화는?

① 양정 : 일정, 유량 : 일정
② 양정 : 증가, 유량 : 증가
③ 양정 : 증가, 유량 : 일정
④ 양정 : 일정, 유량 : 증가

| 해설 | 펌프직렬설치 : 유량은 일정, 양정은 증가한다.

37 도시가스의 배관에 표시하여야 할 사항이 아닌 것은?

① 사용가스명
② 최고사용압력
③ 가스의 흐름방향
④ 가스공급자명

| 해설 | 도시가스 배관 표시 사항에 가스공급자명은 표시하지 않는다.

38 도시가스의 대한 설명 중 틀린 것은?

① 국내에서 공급하는 대부분의 도시가스는 메탄을 주성분으로 하는 천연가스이다.
② 도시가스는 주로 배관을 통하여 수요가에게 공급된다.
③ 도시가스의 원료로 LPG를 사용할 수 있다.
④ 도시가스는 공기와 혼합만 되면 폭발한다.

| 해설 | 도시가스의 주성분은 메탄으로 폭발범위 5~15%이므로 적은 양의 공기 혼합시 폭발되지 않는다.

39 액화석유가스는 공기 중의 혼합비율의 용량이 얼마인 상태에서 감지할 수 있도록 냄새가 나는 물질을 섞어 용기에 충전하여야 하는가?

① $\frac{1}{10}$
② $\frac{1}{100}$
③ $\frac{1}{1000}$
④ $\frac{1}{10000}$

| 해설 | 부취제 농도 공기 중 : $\frac{1}{1000}$

40 도시가스계량기와 화기 사이에 유지하여야 하는 거리는?

① 2m 이상
② 4m 이상
③ 5m 이상
④ 8m 이상

| 해설 | 화기와 가스계량기 이격거리는 2m

| 정답 | 35. ② 36. ③ 37. ④ 38. ④ 39. ③ 40. ①

41 도시가스 공급시설 중 저장탱크 주위의 온도상승 방지를 위하여 설치하는 고정식 물 분무장치의 단위면적당 방사 능력의 기준은? (단, 단열재를 피복한 준 내화구조 저장탱크가 아니다.)

① 2.5L/분·m² 이상
② 5L/분·m² 이상
③ 7.5L/분·m² 이상
④ 10L/분·m² 이상

| 해설 | • 저장탱크 물분무장치, 물 방사능력
준내화구조 : 2.5L/분·m²
노출된구조 : 5L/분·m²

42 송수량 12000L/min, 전양정 45m인 볼류트 펌프의 회전수를 1000rpm에서 1100rpm으로 변화시킨 경우 펌프의 축동력은 약 몇 PS인가? (단, 펌프의 효율은 80%이다.)

① 165 ② 180
③ 200 ④ 250

| 해설 | $PS = \dfrac{1000 \times (12m^3/60sec) \times 45}{75 \times 0.8}$
$= 150PS$
$\left(\dfrac{1100}{1000}\right)^3 \times 150PS = 199.65PS$

43 주기율표 0족에 속하는 불활성 가스의 성질이 아닌 것은?

① 상온에서 기체이며, 단원자 분자이다.
② 다른 원소와 잘 화합한다.
③ 상온에서 무색, 무미, 무취의 기체이다.
④ 방전관에 넣어 방전시키면 특유의 색을 낸다.

| 해설 | 0족 주기율표상의 기체는 잘 반응하지 않는 안정된 구조를 갖는다.

44 압축기에서 두압이란?

① 흡입 압력이다.
② 증발기 내의 압력이다.
③ 크랭크 케이스 내의 압력이다.
④ 피스톤 상부의 압력이다.

| 해설 | 압축기 두압은 피스톤 상부의 압력을 말한다.

45 대기 차단식 가스보일러에서 반드시 갖추어야 할 장치가 아닌 것은?

① 저수위안전장치
② 압력계
③ 압력팽창탱크
④ 헛불방지장치

| 해설 | 대기 차단식 가스보일러에서 저수위 안전장치는 갖추지 않아도 된다.

46 비중병의 무게가 비었을때는 0.2kg이고, 액체로 충만되어 있을 때에는 0.8kg이었다. 액체의 체적이 0.4L이라면 비중량(kg/m³)은 얼마인가?

① 120 ② 150
③ 1200 ④ 1500

| 해설 | $\left(\dfrac{(0.8-0.2)kg}{0.4L}\right) = 1.5kg/L \times 1000$
$= 1500kg/m^3$

| 정답 | 41. ② 42. ③ 43. ② 44. ④ 45. ① 46. ④

47 회전식 펌프의 특징에 대한 설명으로 틀린 것은?

① 고점도액에도 사용할 수 있다.
② 토출압력이 낮다.
③ 흡입양정이 적다.
④ 소음이 크다.

| 해설 | • 회전식 펌프(로터리식 펌프)의 특징
　① 흡입 및 토출밸브가 없고 연속회전하므로 토출액의 맥동이 적다.
　② 점성이 있는 액체 이송에 좋다.
　③ 고압용 유압펌프로 사용된다.

48 다음 중 액면계의 측정방식에 해당하지 않는 것은?

① 압력식　　② 정전용량식
③ 초음파식　④ 환상천평식

| 해설 | 링 밸런스식(환상천평식)은 압력계 종류이다.

49 체적 0.8m³의 용기에 16kg의 가스가 들어있다면 이 가스의 밀도는?

① 0.05kg/m³　② 8kg/m³
③ 16kg/m³　　④ 20kg/m³

| 해설 | 가스밀도는 단위 부피당 질량
즉, $\frac{16kg}{0.8m^3}$ = 20kg/m³

50 암모니아용 부르동관 압력계의 재질로서 가장 적당한 것은?

① 황동　② Al강
③ 청동　④ 연강

| 해설 | 암모니아 부르돈관식 압력계의 재질은 연강을 사용한다.

51 다음 ( ) 안의 ①∼②에 각각 알맞은 것은?

> 천연가스의 주성분인 메탄(CH_4)은 1kg당 0℃ 1기압에서 기체상태로 1.4m³이며, 이것은 (①)℃, 1기압으로 액화하면 체적이 0.0024m³으로 되어 약 (②)로 줄어든다.

① ① −42.1　② 1/600
② ① −162　　② 1/250
③ ① −162　　② 1/600
④ ① −62　　 ② 1/250

| 해설 | 메탄은 비점 −162℃로서 액화되면 부피가 $\frac{1}{600}$로 줄어든다.

52 암모니아가스 검지경보장치는 검지에서 발산까지 걸리는 시간은 얼마 이내로 하는가?

① 30초　② 1분
③ 2분　④ 3분

| 해설 | 암모니아 검지경보장치의 검지에서 발신까지는 1분 이내일 것

53 염소가스 저장탱크의 과충전 방지장치는 가스 충전량이 저장탱크 내용적의 몇 %를 초과할 때 가스충전이 되지 않도록 동작하는가?

① 60%
② 70%
③ 80%
④ 90%

| 해설 | 저장탱크의 과충전 방지장치는 내용적 90% 초과시 작동되도록 설정한다.

| 정답 | 47. ②　48. ④　49. ④　50. ④　51. ③　52. ②　53. ④

54 다음 중 조연성(지연성) 가스는?

① H_2 ② O_3
③ Ar ④ NH_3

| 해설 | 지연성 가스는 오존(O_3)

55 도시가스배관의 접합방법 중 강관의 접합방법으로 사용하지 않는 것은?

① 나사접합 ② 용접접합
③ 플렌지접합 ④ 압축접합

| 해설 | 압축이음쇠 사용하는 압축접합은 동관 연결시 분해 또는 해체하여야 하는 부분에 사용된다. (플레어접합법)

56 저온장치의 분말진공단열법에서 충진용 분말로 사용되지 않는 것은?

① 펄라이트 ② 알루미늄분말
③ 글라스울 ④ 규조토

| 해설 | 충진용 분말재 : 펄라이트, 규조토, 알루미늄분말

57 가스 중 음속보다 화염전파 속도가 큰 경우 충격파가 발생하는데 이때 가스의 연소 속도로써 옳은 것은?

① 0.3 ~ 100m/s
② 100 ~ 300m/s
③ 700 ~ 800m/s
④ 1000 ~ 3500m/s

| 해설 | • 폭발 시 연소속도 : 1000 ~ 3500m/s
• 정상 연소속도 : 0.03 ~ 10m/s

58 LPG 사용시설의 고압배관에서 이상 압력상승 시 압력을 방출할 수 있는 안전장치를 설치하여야 하는 저장능력의 기준은?

① 100kg 이상
② 150kg 이상
③ 200kg 이상
④ 250kg 이상

| 해설 | LPG 사용시설에서 저장능력 250kg 이상일 때는 압력방출 안전장치를 설치할 것

59 운전중인 액화석유가스 충전설비의 작동상황에 대하여 주기적으로 점검하여야 한다. 점검 주기는?

① 1일에 1회 이상
② 1주일에 1회 이상
③ 3월에 1회 이상
④ 6월에 1회 이상

| 해설 | LPG충전설비 작동상황점검 주기는 1일 1회 이상한다.

60 다음 중 저온을 얻는 기본적인 원리는?

① 등압 팽창 ② 단열 팽창
③ 등온 팽창 ④ 등적 팽창

| 해설 | 쥬울 톰슨 효과 : 단열팽창시키면 온도와 압력이 강하한다.

| 정답 | 54. ② 55. ④ 56. ③ 57. ④ 58. ④ 59. ① 60. ②

FINAL CHECK

가스기능사 모의고사 5회

01 다음 가스 중 표준상태에서 공기보다 가벼운 것은?

① 메탄 ② 에탄
③ 프로판 ④ 프로틸렌

| 해설 | • 공기분자량 29보다 작은 분자량의 가스
　　　　메탄분자량 : 16
　　　　에탄분자량 : 40
　　　　프로판 분자량 : 44
　　　　프로에틸렌분자량 : 42

02 용기 또는 용기 밸브에 안전밸브를 설치하는 이유는?

① 규정량 이상의 가스를 충전시켰을 때 여분의 가스를 분출하기 위해
② 용기 내 압력이 이상 상승시 용기 파열을 방지하기 위해
③ 가스출구가 막혔을 때 가스출구로 사용하기 위해
④ 분석용 가스출구로 사용하기 위해

| 해설 | 안전밸브 설치 목적 : 용기 내 압력이 이상 상승 시 용기파열을 방지하기 위해

03 카바이트(CaC_2) 저장 및 취급시의 주의사항으로 옳지 않은 것은?

① 습기가 있는 곳을 피할 것
② 보관 드럼통은 조심스럽게 취급할 것
③ 저장실은 밀폐구조로 바람의 경로가 없도록 할 것
④ 인화성, 가연성 물질과 혼합하여 적재하지 말 것

| 해설 | 카바이트 저장시 아세틸렌가스의 발생 우려 때문에 저장실은 개방식 구조로 한다.

04 LPG 사용시설에 사용하는 압력조정기에 대하여 실시하는 각종 시험압력 중 가스의 압력이 가장 높은 것은?

① 1단감압식 저압조정기의 조정압력
② 1단감압식 저압조정기의 출구 측 기밀시험압력
③ 1단감압식 저압조정기의 출구 측 내압시험압력
④ 1단감압식 저압조정기의 안전밸브 작동개시압력

| 해설 | 내압시험압력은 조정압력이나, 기밀시험압력 또는 안전밸브의 작동개시압력보다 높다. (0.3MPa)

| 정답 | 01. ① 02. ② 03. ③ 04. ③

05 다음 산소에 대한 설명 중 틀린 것은?

① 폭발한계는 공기 중과 비교하면 산소 중에서는 현저하게 넓어진다.
② 화학반응에 사용하는 경우에는 산화물이 생성되어 폭발의 원인이 될 수 있다.
③ 산소는 치료의 목적으로 의료계에서 널리 이용되고 있다.
④ 환원성을 이용하여 금속제련에 사용한다.

| 해설 | 산소는 강한 산화력을 가진다.

06 2,000[rpm]으로 회전하는 펌프를 3,500[rpm]으로 변환하였을 경우 펌프의 유량과 양정은 각각 몇 배가 되는가?

① 유량 : 2.65, 양정 : 4.12
② 유량 : 3.06, 양정 : 1.75
③ 유량 : 3.06, 양정 : 5.36
④ 유량 : 1.75, 양정 : 3.06

| 해설 | ① 유량 : $\left(\frac{3500}{2000}\right)^1 = 1.75$배
② 양정 : $\left(\frac{3500}{2000}\right)^2 = 3.0625$배
③ 동력 : $\left(\frac{3500}{2000}\right)^3 = 5.359$배

07 액화석유가스가 공기 중에 누출시 그 농도가 몇 %일 때 감지할 수 있도록 냄새가 나는 물질(부취제)을 섞는가?

① 0.1
② 0.5
③ 1
④ 2

| 해설 | 부취제는 공기 중 0.1[%] $\left(\frac{1}{1000}\right)$에서 냄새구별이 가능하도록 주입시킨다.

08 LP가스가 충전된 납붙임 용기 또는 접합용기는 얼마의 온도범위에서 가스누출 시험을 할 수 있는 온수시험탱크를 갖추어야 하는가?

① 20℃ 이상 32℃ 미만
② 35℃ 이상 45℃ 미만
③ 46℃ 이상 50℃ 미만
④ 52℃ 이상 60℃ 미만

| 해설 | 온수가스시험온도 : 46℃ 이상 50℃ 미만

09 다음 탄화수소에 대한 설명 중 틀린 것은?

① 외부의 압력이 커지게 되면 비등점은 낮아진다.
② 탄소수가 같을 때 포화 탄화수소는 불포화 탄화수소보다 비등점이 높다.
③ 이성체 화합물에서는 normal은 iso보다 비등점이 높다.
④ 분자 중의 탄소 원자수가 많아질수록 비등점은 높아진다.

| 해설 | 탄화수소는 외부압력이 커지면 비등점이 높아진다.

10 고압가스 품질검사에서 산소의 경우 동·암모니아 시약을 사용한 오르잣법에 의한 시험에서 순도가 몇 % 이상이어야 하는가?

① 98
② 98.5
③ 99
④ 99.5

| 해설 | ① 산소 : 99.5[%] 이상
② 아세틸렌 : 98[%] 이상
③ 수소 : 98.5[%] 이상

| 정답 | 05. ④ 06. ④ 07. ① 08. ③ 09. ① 10. ④

11 고압가스 특정제조시설 중 비가연성 가스의 저장탱크는 몇 m³ 이상일 경우에 지진영향에 대한 안전한 구조로 설계하여야 하는가?

① 5
② 250
③ 500
④ 1000

| 해설 | 불연성 가스의 저장탱크 내용적이 1000[m³] 이상일 경우 지진영향에 대한 안전한 구조설계가 필요하다.

12 다음 중 같은 조건 하에서 기체의 확산속도가 가장 느린 것은?

① O_2
② CO_2
③ C_3H_8
④ C_4H_{10}

| 해설 | • 기체의 확산속도비
$$\frac{U_0}{U_H} = \sqrt{\frac{M_H}{M_0}}$$
분자량 제곱근에 반비례하므로 분자량이 커지는 기체는 확산속도가 느려진다.

13 나사압축기에서 숫 로터 지름 150[mm], 로터 길이 100mm, 숫로터 회전수 350[rpm]이라고 할 때 이론적 토출량은 약 몇 m³/min인가? (단, 로터 형상에 의한 계수(C_v)는 0.467이다.)

① 0.11
② 0.21
③ 0.37
④ 0.47

| 해설 | $Q = K \cdot D^3 \cdot \frac{L}{D} \cdot N \cdot 60$

$= 0.467 \times (0.15)^3 \times \frac{0.1}{0.15} \times 350$

$= 0.3677 m^3/min$

※ mm=m으로 고친다.

14 에틸렌(C_2H_4)이 수소와 반응할 때 일으키는 반응은?

① 환원반응
② 분해반응
③ 제거반응
④ 첨가반응

| 해설 | $C_2H_4 + H_2 \rightarrow C_2H_6$(에탄)
부가반응(첨가반응)

15 차량에 고정된 탱크로부터 가스를 저장탱크에 이송할 때의 작업 내용으로 가장 거리가 먼 것은?

① 부근에 화기의 유무를 확인한다.
② 차바퀴 전후를 고정목으로 고정한다.
③ 소화기를 비치한다.
④ 정전기 제거용 접지 코드를 제거한다.

| 해설 | 차량에 고정된 탱크와 지상의 저장탱크에 액화가스 이송시 정전기 제거 접지 코드를 연결

16 다음 중 비접촉식 온도계에 해당하는 것은?

① 열전 온도계
② 압력식 온도계
③ 광고 온도계
④ 저항 온도계

| 해설 | • 비접촉식 온도계
① 광고 온도계
② 방사 온도계
③ 색 온도계
④ 광전관식 온도계

| 정답 | 11. ④ 12. ④ 13. ③ 14. ④ 15. ④ 16. ③

17 다음 중 정유가스(off 가스)의 주성분은?

① H_2+CH_4 ② CH_4+CO
③ H_2+CO ④ $CO+C_3H_8$

| 해설 | • 정유의 off가스 주성분
① H_2(수소)
② CH_4(메탄)

18 흡수식 냉동기에서 냉매로 물을 사용할 경우 흡수제로 사용하는 것은?

① 암모니아   ② 사염화 에탄
③ 리튬브로마이드 ④ 파라핀유

| 해설 | • 흡수식 냉동기
① 냉매 : H_2O
② 흡수제 : LiBr(리튬브로마이드)

19 다음 중 섭씨온도(℃)의 눈금과 일치하는 화씨온도(℉)는?

① 0   ② −10
③ −30   ④ −40

| 해설 | ℃ = $\frac{5}{9}$ × (℉ − 32)
= $\frac{5}{9}$(−40 − 32) = −40[℃]

20 액화석유가스 충전사업시설 중 두 저장탱크의 최대직경을 합산한 길이의 1/4이 0.5m일 경우에 저장탱크간의 거리는 몇 m를 유지하여야 하는가?

① 0.5m   ② 1m
③ 2m   ④ 3m

| 해설 | 1/4이 1m 미만인 경우 이격거리는 1m 이상이다.

21 일반도시가스사업자의 가스공급시설 중 사용압력이 저압인 유수식 가스홀더에서 갖추어야 할 기준이 아닌 것은?

① 가스 방출장치를 설치한 것일 것
② 봉수의 동결방지 조치를 한 것일 것
③ 모든 관의 입·출구에는 반드시 신축을 흡수하는 조치를 할 것
④ 수조에 물공급관과 물 넘쳐 빠지는 구멍을 설치한 것일 것

| 해설 | 신축흡수장치는 온도와 관계된다.

22 파라핀계 탄화수소 중 가장 간단한 형태의 화합물로서 불순물을 전혀 함유하지 않는 도시가스의 원료는?

① 액화천연가스   ② 액화석유가스
③ off 가스   ④ 나프타

| 해설 | • 액화천연가스 : 불순물을 포함하지 않는 가스이다. 도시가스로 사용하며 주성분이 메탄(CH_4)이다.
• 전처리 : 제진 → 탈유 → 탈황 → 탈수 → 탈습 등

23 물을 전기분해하여 수소를 얻고자 할 때 주로 사용되는 전해액은 무엇인가?

① 25% 정도의 황산수용액
② 1% 정도의 묽은염산수용액
③ 10% 정도의 탄산칼슘수용액
④ 20% 정도의 수산화나트륨 수용액

| 해설 | $2H_2O \rightarrow \frac{2H_2}{-극} + \frac{O_2}{+극}$ (NaOH수용액)

| 정답 | 17. ① 18. ③ 19. ④ 20. ② 21. ③ 22. ① 23. ④

24 고압 가스용기의 어깨부분에 "FP : 15MPa"이라고 표기되어 있다. 이 의미를 옳게 설명한 것은?

① 사용압력이 15MPa이다.
② 설계압력이 15MPa이다.
③ 내압시험압력이 15MPa이다.
④ 최고충전압력이 15MPa이다.

| 해설 | FP : 최고충전압력표시

25 LP 가스용기 충전시설 중 지상에 설치하는 경우 저장탱크의 주위에는 액상의 LP 가스가 유출하지 아니하도록 방류둑을 설치하여야 한다. 다음 중 얼마의 저장량 이상일 때 방류둑을 설치하여야 하는가?

① 500톤
② 1,000톤
③ 1,500톤
④ 2,000톤

| 해설 | LPG 저장탱크 용량 1,000톤 이상 : 방류둑 설치

26 가연성가스를 취급하는 장소에는 누출된 가스의 폭발사고를 방지하기 위하여 전기설비를 방폭구조로 한다. 다음 중 방폭구조가 아닌 것은?

① 안전증 방폭구조
② 내열 방폭구조
③ 압력 방폭구조
④ 내압 방폭구조

| 해설 | 내열 방폭구조는 사용되지 않는다.

27 아세틸렌가스를 제조하기 위한 설비를 설치하고자 할 때 아세틸렌가스가 통하는 부분에 동합금을 사용할 경우 동 함유량은 몇 % 이하의 것을 사용하여야 하는가?

① 62   ② 72
③ 75   ④ 85

| 해설 | 동합금은 62% 이하의 것 사용

28 다음 중 일반적인 석유정제 과정에서 발생되지 않는 가스는?

① 암모니아
② 프로판
③ 메탄
④ 부탄

| 해설 | 석유정제과정에서 발생되는 가스는 LPG, 메탄, 나프타 등이다.

29 진공압이 57[cmHg]일 때 절대압력은?
(단, 대기압은 760[mmHg]이다.)

① 0.19[kg/cm² · a]
② 0.26[kg/cm² · a]
③ 0.31[kg/cm² · a]
④ 0.38[kg/cm² · a]

| 해설 | 760[mmHg](76[cmHg])
76 − 57 = 19[cmHg](절대압)
∴ $1.033 \times \frac{17}{76} = 0.25825$ [kgf/cm²·a]

| 정답 | 24. ④ 25. ② 26. ② 27. ① 28. ① 29. ②

30 LPG 충전·집단공급 저장시설의 공기에 의한 내압시험시 상용압력의 일정 압력 이상으로 승압한 후 단계적으로 승압시킬 때 상용압력의 몇 %씩 증가시켜 내압시험압력에 도달하도록 하여야 하는가?

① 0.5%   ② 10%
③ 15%   ④ 20%

| 해설 | LPG 승압시 상용압력의 10%씩 증가시킨다.

31 방류둑의 내측 및 그 외면으로부터 몇 m 이내에 그 저장탱크의 부속설비 외의 것을 설치하지 못하도록 되어 있는가?

① 10   ② 20
③ 30   ④ 50

| 해설 | 방류둑의 내측이나 그 외면으로부터 10[m] 이내에는 저장탱크 부속설비 외는 설치 불가

32 0[℃], 1[atm]에서 4[L]이던 기체는 273[℃], 1[atm]일 때 몇 [L]가 되는가?

① 2   ② 4
③ 8   ④ 12

| 해설 | $V_2 = V_1 \times \dfrac{T_2}{T_1} = 4 \times \dfrac{273+273}{273} = 8[L]$

33 가스버너의 일반적인 구비조건으로 옳지 않는 것은?

① 화염이 안정될 것
② 부하조절비가 적을 것
③ 저공기비로 안전 연소할 것
④ 제어하기 쉬울 것

| 해설 | 가스버너는 부하조절비가 클 것

34 다음 중 동이나 동합금이 함유된 장치를 사용하였을 때 폭발의 위험성이 가장 큰 가스는?

① 황화수소
② 수소
③ 산소
④ 아르곤

| 해설 | 황화수소($2H_2S$) + 4Cu(구리) + O_2 → $2CuS + 2H_2O$

35 내용적 100L 이하인 암모니아를 충전하는 용기를 제조할 부식 여유의 두께는 몇 mm 이상으로 하여야 하는가?

① 1   ② 2
③ 3   ④ 5

| 해설 | • 암모니아 : 1mm 이상(내용적 $1000l$ 초과시 2mm)
• 염소 : 3mm(내용적 $1000l$ 초과시 5mm)

36 회전펌프의 일반적인 특징으로 틀린 것은?

① 토출압력이 높다.
② 흡입 양정이 작다.
③ 연속회전하므로 토출액의 맥동이 적다.
④ 점성이 있는 액체에 대해서도 성능이 좋다.

| 해설 | 회전식펌프는 흡입 양정이 크다.

| 정답 | 30. ② 31. ① 32. ③ 33. ② 34. ① 35. ① 36. ②

37 탄화수소에서 탄소의 수가 증가할 때 생기는 현상으로 틀린 것은?

① 증기압이 낮아진다.
② 발화점이 낮아진다.
③ 비등점이 낮아진다.
④ 폭발 하한계가 낮아진다.

| 해설 | 탄화수소에서는 탄소의 수가 증가할수록 비등점이 높아진다.

38 가스사용시설의 배관을 움직이지 아니하도록 고정부착하는 조치에 대한 설명 중 틀린 것은?

① 관지름이 13[mm] 미만의 것에는 1000[mm]마다 고정부착하는 조치를 해야 한다.
② 관지름이 33[mm] 이상의 것에는 3000[mm]마다 고정부착하는 조치를 해야 한다.
③ 관지름이 13[mm] 이상 33[mm] 미만의 것에는 2000[mm]마다 고정부착하는 조치를 해야 한다.
④ 관지름이 43[mm] 이상의 것에는 4000[mm]마다 고정부착하는 조치를 해야 한다.

| 해설 | 배관 관지름 33[mm] 이상은 3000[mm](3[m])마다 고정부착시킨다.

39 가스용기의 취급 및 주의사항에 대한 설명 중 틀린 것은?

① 충전시 용기는 용기 재검사기간이 지나지 않았는지를 확인한다.
② LPG 용기나 밸브를 가열할 때는 뜨거운 물(40[℃] 이상)을 사용해야 한다.
③ 충전한 후에는 용기 밸브의 누출 여부를 확인한다.
④ 용기 내에 잔류물이 있을 때에는 잔류물을 제거하고 충전한다.

| 해설 | 가스용기의 가열물 온도는 반드시 40[℃] 이하이어야 한다.

40 세라믹버너를 사용하는 연소기에 반드시 부착하여야 하는 것은?

① 가버너
② 과열방지장치
③ 산소결핍안전장치
④ 전도안전장치

| 해설 | 버너입구에는 정압기(가버너)가 반드시 부착되어야 한다.

41 왕복식 압축기에서 피스톤과 크랭크샤프트를 연결하여 왕복운동을 시키는 역할을 하는 것은?

① 크랭크   ② 피스톤링
③ 커넥팅로드   ④ 톱클리어런스

| 해설 | 커넥팅로드 : 압축기 피스톤과 크랭크샤프트를 연결시킨다.

| 정답 | 37. ③   38. ④   39. ②   40. ①   41. ③

42 다음 중 가연성이며 독성가스인 것은?

① NH_3 ② H_2
③ CH_4 ④ N_2

| 해설 | • 암모니아(NH_3)
㉠ 가연성폭발범위 : 15 ~ 28%
㉡ 독성허용농도 : 25ppm

43 다음 중 공기 중에서의 폭발범위가 가장 넓은 가스는?

① 황화수소
② 암모니아
③ 산화에틸렌
④ 프로판

| 해설 | ① 황화수소(H_2S) : 4.3 ~ 45[%]
② 암모니아(NH_3) : 15 ~ 28[%]
③ 산화에틸렌(C_2H_4O) : 3 ~ 80[%]
④ 프로판(C_3H_8) : 2.1 ~ 9.5[%]

44 다음 중 표준대기압으로 틀린 것은?

① $1.0332kg/cm^2$
② 1013.2bar
③ $10.332mH_2O$
④ 76cmHg

| 해설 | 표준대기압(1atm) = 1.01325bar

45 선박용 액화석유가스 용기의 표시방법으로 옳은 것은?

① 용기의 상단부에 폭 2[cm]의 황색 띠를 두 줄로 표시한다.
② 용기의 상단부에 폭 2[cm]의 백색 띠를 두 줄로 표시한다.
③ 용기의 상단부에 폭 2[cm]의 황색 띠를 한 줄로 표시한다.
④ 용기의 상단부에 폭 2[cm]의 백색 띠를 한 줄로 표시한다.

| 해설 | 선박용 액화석유가스 용기 표시방법 : 용기의 상단부에 폭 2[cm]의 백색 띠를 두 줄로 표시한다.

46 다음 중 1기압(1[atm])과 같지 않은 것은?

① 760[mmHg]
② 0.987[bar]
③ $10.332[mH_2O]$
④ 101.3[kPa]

| 해설 | • 표준대기압(atm)
760[mmHg] = $1.0332[kgf/cm^2a]$,
10.332[mAq] = 30[inHg] = $14.7[lb/in^2]$
= 1.013[bar] = $101325[N/m^2]$
= 101.325[kPa]

47 가연성 물질을 취급하는 설비는 그 외면으로부터 몇 m 이내에 온도상승방지 설비를 하여야 하는가?

① 10m   ② 15m
③ 20m   ④ 30m

| 해설 | 가연성 물질 취급설비 외면에서 20m 이내 온도상승방지 설비를 할 것

| 정답 | 42. ① 43. ③ 44. ② 45. ② 46. ② 47. ③

48 포스겐의 취급사항에 대한 설명 중 틀린 것은?

① 포스겐을 함유한 폐기액은 산성물질로 충분히 처리한 후 처분할 것
② 취급시에는 반드시 방독마스크를 착용할 것
③ 환기시설을 갖출 것
④ 누설시 용기부식의 원인이 되므로 약간의 누설에도 주의할 것

| 해설 | 포스겐 흡수제로 가성소다수용액, 소석회 사용

49 다음 화합물 중 탄소의 함유량이 가장 많은 것은?

① CO_2
② CH_4
③ C_2H_4
④ CO

| 해설 | C_2H_4(에틸렌)은 탄소원자가 2개이다.

50 액화석유가스를 저장하는 저장능력 10,000L의 저장탱크가 있다. 긴급차단장치를 조작할 수 있는 위치는 해당 저장탱크로부터 몇 m 이상에서 조작할 수 있어야 하는가?

① 3m   ② 4m
③ 5m   ④ 6m

| 해설 | • 긴급차단 장치(5,000L 이상 시) 설치
　① 특정 제조 시설은 10m, 일반 제조 시설은 5m 이상에서 조작
　② 작동레버는 3곳 이상 설치
　③ 작동온도 : 110℃
　④ 차단 동력원 : 유압, 공기압, 전기식, 스프링식

51 고압가스 관련 설비에 해당되지 않는 시설은?

① 안전밸브
② 긴급차단장치
③ 특정고압가스용 실린더캐비닛
④ 압력조정기

| 해설 | 가스설비에 압력조정기는 해당되지 않는다.

52 아세틸렌이 은, 수은과 반응하여 폭발성의 금속 아세틸라이드를 형성하여 폭발하는 형태는?

① 분해폭발   ② 화합폭발
③ 산화폭발   ④ 압력폭발

| 해설 | • 아세틸렌의 폭발형식
　① 분해 폭발 : $C_2H_2 \rightarrow 2C + H_2 + 54.2(kcal)$
　② 화합 폭발 : Cu, Hg, Ag 등 금속과 화합시 폭발성 물질인 아세틸라이드를 생성
　　㉠ $C_2H_2 + 2Cu \rightarrow Cu_2C_2$(동아세틸라이드) $+ H_2$
　　㉡ $C_2H_2 + 2Hg \rightarrow Hg_2C_2$(수은아세틸라이드) $+ H_2$
　　㉢ $C_2H_2 + 2Ag \rightarrow Ag_2C_2$(은아세틸라이드) $+ H_2$
　③ 산화폭발 : $2C_2H_2 + 5O_2 \rightarrow 4CO_2 + 2H_2O + 301.5(kcal)$

53 계측과 제어의 목적이 아닌 것은?

① 조업조건의 안정화
② 고효율화
③ 작업인원의 증가
④ 안전위생관리

| 해설 | 작업인원의 증가와 계측, 제어는 관계없다.

| 정답 | 48. ① 49. ③ 50. ③ 51. ④ 52. ② 53. ③

54 무급유압축기의 종류가 아닌 것은?

① 카본(Carbon)링식
② 테프론(Teflon)링식
③ 다이어프램(diaphragm)식
④ 브론즈(Bronze)식

| 해설 | 무급유 압축기에 브론즈는 해당되지 않는다.

55 독성가스 배관은 안전한 구조를 갖도록 하기 위해 2중관 구조로 하여야 한다. 다음 가스 중 2중관으로 하지 않아도 되는 가스는?

① 암모니아
② 염화메탄
③ 시안화수소
④ 에틸렌

| 해설 | 2중관 대상가스 : $COCl_2$, H_2S, HCN, SO_2, C_2H_4O, NH_3, Cl_2, CH_3Cl

56 가연성가스 제조시설의 고압가스설비(저장탱크 및 배관은 제외한다.)에는 그 외면으로부터 다른 가연성가스 제조시설의 고압가스 설비와 몇 m 이상의 거리를 유지하여야 하는가?

① 2   ② 3
③ 5   ④ 10

| 해설 | 가연성 가스 제조시설설비와 다른 가연성 가스 제조시설의 설비 이격거리는 5m 이상일 것

57 다음 중 가스와 그 용도가 옳게 짝지어진 것은?

① 수소 : 경화유 제조, 산소 : 용접, 절단용
② 수소 : 경화유 제조, 이산화탄소 : 포스겐 제조
③ 수소 : 용접, 절단용, 이산화탄소 : 포스겐 제조
④ 수소 : 경화유 제조, 염소 : 청량음료

| 해설 | ① 수소 : 경화유 제조, 용접용
② 산소 : 용접, 절단용

58 액면계로부터 가스가 방출되었을 때 인화 또는 중독의 우려가 없는 가스에만 사용할 수 있는 액면계가 아닌 것은?

① 고정 튜브식
② 회전 튜브식
③ 슬립 튜브식
④ 평형 튜브식

| 해설 | 분출되는 액면계 방식에서 평형 튜브식은 해당되지 않는다.

59 저온 정밀 증류법을 이용하여 주로 분석할 수 있는 가스는?

① 탄화수소의 혼합가스
② SO_2 가스
③ CO_2 가스
④ O_2 가스

| 해설 | 저온 정밀 증류법은 탄화수소의 혼합가스 분석에 이용된다.

| 정답 | 54. ④ 55. ④ 56. ③ 57. ① 58. ④ 59. ①

60 다음 방류둑의 구조에 대한 설명으로 틀린 것은?

① 방류둑의 재료는 철근콘크리트, 철골·철근콘크리트, 흙 또는 이들을 조합하여 만든다.
② 철근 콘크리트는 수밀성 콘크리트를 사용한다.
③ 성토는 수평에 대하여 45° 이하의 기울기로 하여 다져 쌓는다.
④ 방류둑은 액밀하지 않는 것으로 한다.

| 해설 | • **방류둑의 구조**
① 재료는 철근 콘크리트, 철골·철근 콘크리트, 금속, 흙 또는 이들을 혼합한 액밀한 구조일 것
② 액이 체류하는 표면적은 가능한 한 적게 할 것
③ 높이에 상당하는 액두압에 견딜 것
④ 배관관통부의 누설방지 및 방식조치할 것
⑤ 금속재료는 부식되지 않게 방식 및 방청 조치
⑥ 성토구배는 45° 이하, 정상부 폭은 30cm 이상일 것
⑦ 방류둑계단 및 사다리는 출입구 둘레 50m 마다 1개 이상 설치 그 둘레가 50m 미만일 경우는 2개소 이상 분산 설치할 것

| 정답 | 60. ④

FINAL CHECK

가스기능사 모의고사 6회

01 가연성가스라 함은 공기 중에서 연소하는 가스로서 폭발한계의 상한을 규정하고 있다. 하한값으로 옳은 것은?

① 10퍼센트 이하
② 20퍼센트 이하
③ 10퍼센트 이상
④ 20퍼센트 이상

| 해설 | 가연성 가스의 하한은 10% 이하이다.

02 다음 중 1Nm³의 총발열량이 가장 큰 가스는?

① 프로판   ② 부탄
③ 수소   ④ 도시가스

| 해설 | ① 프로판 : 24,000kcal/m³
② 수소 : 2580kcal/m³
③ 부탄 : 31,000kcal/m³
④ 도시가스 : 10,000kcal/m³

03 가스계량기와 전기개폐기와의 이격거리는 최소 얼마 이상이어야 하는가?

① 10cm   ② 15cm
③ 30cm   ④ 60cm

| 해설 | • 가스계량기와의 이격거리
① 60cm 이상 : 전기 개폐기, 전기 계량기
② 30cm 이상 : 굴뚝, 전기 점멸기, 전기 접속기
③ 15cm 이상 : 절연조치 하지 않은 전선

04 다음 중 저장소의 바닥 환기에 가장 중점을 두어야 하는 가스는?

① 메탄
② 에틸렌
③ 아세틸렌
④ 부탄

| 해설 | 부탄(C_4H_{10})은 분자량 58로 공기보다 2배 무겁다. 바닥에(낮은 곳) 체류하므로 주의하여야 한다.

05 아세틸렌 중의 수분을 제거하는 건조제로 주로 사용되는 것은?

① 염화칼슘   ② 사염화탄소
③ 진한 황산   ④ 활성알루미나

| 해설 | 아세틸렌 건조제 : $CaCl_2$(염화칼슘)

06 공기액화분리기 내의 CO_2를 제거하기 위해 NaOH 수용액을 사용한다. 1.0[kg]의 CO_2를 제거하기 위해서는 약 몇 kg의 NaOH를 가해야 하는가?

① 0.9   ② 1.8
③ 3.0   ④ 3.8

| 해설 | $2NaOH + CO_2 \rightarrow Na_2CO_3 + H_2O$
80[kg] : 44[kg]
∴ $\frac{80}{44}$ = 1.818[kg/kg]

| 정답 |　01. ①　02. ②　03. ④　04. ④　05. ①　06. ②

07 고압가스 특정제조시설의 배관시설에 검지경보장치의 검출부를 설치하여야 하는 장소가 아닌 것은?

① 긴급 차단장치의 부분
② 방호구조물 등에 의하여 개방되어 설치된 배관의 부분
③ 누출된 가스가 체류하기 쉬운 구조인 배관의 부분
④ 슬리이브관, 이중관 등에 의하여 밀폐되어 설치된 배관의 부분

| 해설 | 가스 검지 경보장치는 개방된 곳에 설치하지 않는다.

08 수소취성을 방지하기 위해 강에 첨가하는 원소로서 옳은 것은?

① Cr
② Al
③ Mn
④ p

| 해설 | 수소취성 방지 첨가 금속원소 : 티탄, 바나듐, 텅스텐, 몰리브덴, 크롬

09 천연가스의 주성분인 물질의 분자량은?

① 16
② 32
③ 44
④ 58

| 해설 | 천연가스 주성분 CH_4(메탄)으로 분자량 16이다.

10 원심식 압축기의 회전속도를 1.2배로 증가시키면 약 몇 배의 동력이 필요한가?

① 1.2배   ② 1.4배
③ 1.7배   ④ 2.0배

| 해설 | 동력은 $(1.2)^3$ = 1.7배

11 다음 중 동일차량에 적재하여 운반할 수 없는 경우는?

① 산소와 질소
② 질소와 탄산가스
③ 탄산가스와 아세틸렌
④ 염소와 아세틸렌

| 해설 | ① 염소 : 조연성가스
② 아세틸렌 : 가연성가스

12 일반도시가스사업자 정압기 입구 측의 압력이 0.6MPa일 경우 안전밸브 분출부의 크기는 얼마 이상으로 해야 하는가?

① 20A 이상   ② 30A 이상
③ 50A 이상   ④ 100A 이상

| 해설 | 정압기 입구측 압력이 0.5MPa 이상일 경우 안전밸브 분출부의 크기 : 50A 이상

13 가연성가스의 발화도 범위가 85℃ 초과 100℃ 이하는 다음 발화도 범위에 따른 방폭전기 기기의 온도등급 중 어디에 해당하는가?

① T3   ② T4
③ T5   ④ T6

| 해설 | 발화도 85℃ 초과 100℃ 이하의 방폭전기기기 온도등급 T6

| 정답 | 07. ② 08. ① 09. ① 10. ③ 11. ④ 12. ③ 13. ④

14 산소 용기에 부착된 압력계의 읽음이 10[kgf/cm²]이었다. 이때 절대압력은 몇 kgf/cm²인가? (단, 대기압은 1.033[kgf/cm²]이다.)

① 1.033
② 8.967
③ 10
④ 11.033

| 해설 | abs = 10 + 1.033 = 11.033[kgf/cm²]

15 고압가스 일반제조시설의 배관 중 압축가스 배관에 반드시 설치하여야 하는 계측기기는?

① 온도계
② 압력계
③ 풍향계
④ 가스분석계

| 해설 | 압축가스 배관에 압력계는 반드시 설치할 것

16 다음 중 독성가스이며 가연성 가스는?

① 수소
② 일산화탄소
③ 이산화탄소
④ 헬륨

| 해설 | 일산화탄소(CO)는 독성이며 가연성이다.

17 LPG의 증기압력과 온도와의 관계로서 옳은 것은?

① 온도가 올라감에 따라 압력도 증가한다.
② 온도와 압력과는 관련이 없다.
③ 온도가 올라감에 따라 압력은 떨어진다.
④ 온도가 내려감에 따라 압력도 증가한다.

| 해설 | LPG는 온도가 상승하면 압력도 함께 상승한다.

18 원심펌프를 직렬로 연결시켜 운전하면 무엇이 증가하는가?

① 양정
② 동력
③ 유량
④ 효율

| 해설 | 펌프 직렬 배치는 양정이 증가, 병렬배치 유량의 증가

19 도시가스제조소의 패널에 의한 부취제의 농도 측정 방법이 아닌 것은?

① 냄새주머니법
② 오더미터법
③ 주사기법
④ 가스분석기법

| 해설 | 패널의 부취제 농도측정 방법에 가스분석기법은 해당되지 않는다.

20 다음 배관재료 중 사용온도 350℃ 이하, 압력 1MPa 이상 10MPa까지의 LPG 및 도시가스의 고압관에 사용되는 것은?

① SPP
② SPW
③ SPPW
④ SPPS

| 해설 | SPPS(압력배관용탄소강강관) : 사용온도 350℃ 이하, 압력은 1MPa 이상 10MPa까지의 가스관에 사용한다.

| 정답 | 14. ④ 15. ② 16. ② 17. ① 18. ① 19. ④ 20. ④

21 산소의 일반적인 특징에 대한 설명으로 틀린 것은?

① 수소와 반응하여 격렬하게 폭발한다.
② 유지류와 접촉시 폭발의 위험이 있다.
③ 공기 중에서 무성 방전시키면 과산화수소(H_2O_2)가 발생된다.
④ 산소의 분압이 높아지면 폭굉범위가 넓어진다.

| 해설 | 산소는 무성방전시키면 오존(O_3)이 생성된다.

22 고압가스안전관리법에 정하고 있는 저장능력 산정기준에 대한 설명으로 옳은 것은?

① 압축가스와 액화가스의 저장탱크능력 산정식은 동일하다.
② 저장능력 합산시에는 액화가스 10kg을 압축가스 $10m^3$로 본다.
③ 저장탱크 및 용기가 배관으로 연결된 경우에는 각각의 저장능력을 합산한다.
④ 액화가스 용기 저장능력 산정식은 $W=0.9dv_2$ 이다.

| 해설 | • 저장능력 산정기준
① 압축가스 저장탱크/용기 : $Q = (10P+1)V_1$
② 액화가스용기/탱크로리 : $W = \dfrac{V_2}{C}$
③ 액화가스저장탱크 : $W = 0.9dV_2$
  Q : 저장능력(m^3)
  P : 최고충전 압력(MPa)
  V_1 : 내용적(m^3)
  W : 저장능력(kg)
  V_2 : 내용적(L)
  C : 충전상수
  d : 액화가스의 비중(kg/L)
※ 충전상수 C값
  C_3H_8 : 2.35, C_4H_{10} : 2.05
  NH_3 : 1.86, CO_2 : 1.34
※ 압축가스 $1m^3$는 액화가스 10kg으로 본다.

23 고압가스 배관을 지하에 매설하는 경우의 설치기준으로 틀린 것은?

① 배관은 건축물과는 1.5m, 지하도로 및 터널과는 10m 이상의 거리를 유지한다.
② 독성가스의 배관은 그 가스가 혼입될 우려가 있는 수도시설과는 300m 이상의 거리를 유지한다.
③ 배관은 그 외면으로부터 지하의 다른 시설물과 0.3m 이상의 거리를 유지한다.
④ 지표면으로부터 배관의 외면까지 매설깊이는 산이나 들에서는 1.2m 이상, 그 밖의 지역에서는 1.0m 이상으로 한다.

| 해설 | 배관 지하 매설시 산과 들에서는 1m 이상이다.

24 펌프가 운전 중에 한숨을 쉬는 것과 같은 상태가 되어 토출구 및 흡입구에서 압력계의 바늘이 흔들리며 동시에 유량이 변화하는 현상을 무엇이라고 하는가?

① 캐비테이션(공동현상)
② 워터햄머링(수격작용)
③ 바이브레이션(진동현상)
④ 서어징(맥동현상)

| 해설 | 서어징(맥동현상) : 펌프가 운전 중 주기적으로 한숨 쉬는 것처럼 흡입토출구에서 압력계 바늘 지침이 흔들리고 유량이 변화하는 현상

| 정답 | 21. ③ 22. ③ 23. ④ 24. ④

25 수은을 이용한 U자관 압력계에서 액주높이(h) 600mm, 대기압(P_1)은 1kg/cm²일 때 P_2는 약 몇 kg/cm²인가?

① 0.22   ② 0.92
③ 1.82   ④ 9.16

| 해설 | 600mm = 60cm

$$P_2 = 1 + \frac{13.6 \times 60}{1000} = 1.816 kg/cm^2$$

26 표준대기압에서 1BTU의 의미는?

① 순수한 물 1kg을 1℃ 변화시키는데 필요한 열량
② 순수한 물 1lb를 1℃ 변화시키는데 필요한 열량
③ 순수한 물 1kg을 1℉ 변화시키는데 필요한 열량
④ 순수한 물 1lb를 1℉ 변화시키는데 필요한 열량

| 해설 | 1BTU : 순수한 물 1lb를 1℉ 변화시키는데 필요한 열량

27 공기액화 분리장치의 이산화탄소 흡수탑에서 가성소다로 이산화탄소를 제거한다. 이 반응식이 옳은 것은?

① $2NaOH + CO_2 \rightarrow Na_2CO_3 + H_2O$
② $2NaOH + 3CO_2 \rightarrow Na_2CO_3 + 2CO + H_2O$
③ $NaOH + CO_2 \rightarrow Na_2CO_3 + H_2O$
④ $NaOH + 2CO_2 \rightarrow Na_2CO_3 + CO + H_2O$

| 해설 | $2NaOH + CO_2 \rightarrow Na_2CO_3 + H_2O$

28 다음 가스의 일반적인 성질에 대한 설명 중 틀린 것은?

① 염산(HCl)은 암모니아와 접촉하면 흰 연기를 낸다.
② 시안화수소(HCN)는 복숭아 냄새가 나는 맹독성 기체이다.
③ 염소(Cl_2)는 황녹색의 자극성 냄새가 나는 맹독성 기체이다.
④ 수소(H)는 저온·저압 하에서 탄소강과 반응하여 수소취성을 일으킨다.

| 해설 | 수소(H)는 고온·고압하에서 탄소강과 반응하여 수소취성 발생됨.

29 다음 중 용기 파열사고의 원인으로 보기 어려운 것은?

① 용기의 내압력 부족
② 용기 내압의 상승
③ 안전밸브의 작동
④ 용기 내에서 폭발성 혼합가스에 의한 발화

| 해설 | 용기의 파열 사고를 방지하기 위해서 안전밸브를 작동하도록 설치한다.

30 LPG의 충전용기와 잔가스 용기의 보관장소는 얼마 이상의 간격을 두어 구분이 되도록 해야 하는가?

① 1.5m 이상   ② 2m 이상
③ 2.5m 이상   ④ 3m 이상

| 해설 | 충전용기와 잔가스용기의 보관 장소는 1.5(m) 이상의 간격을 두어 구분할 것

| 정답 | 25. ③ 26. ④ 27. ① 28. ④ 29. ③ 30. ①

31 아연, 구리, 은 코발트 등과 같은 금속과 반응하여 착이온을 만드는 가스는?

① 암모니아
② 염소
③ 아세틸렌
④ 질소

| 해설 | 암모니아(NH_3)는 아연, 구리, 은 등과 반응해서 착이온을 형성한다.

32 표준상태에서 염소가스의 증기 비중은 약 얼마인가?

① 0.5
② 1.5
③ 2.0
④ 2.4

| 해설 | Cl_2분자량 ≒ 71, 공기분자량 29

∴ 비중 = $\frac{71}{29}$ = 2.44

33 C_2H_2 제조설비에서 제조된 C_2H_2를 충전용기에 충전시 위험한 경우는?

① 아세틸렌이 접촉되는 설비부분에 동함량 72%의 동합금을 사용하였다.
② 충전 중의 압력을 2MPa 이하로 하였다.
③ 충전 후에 압력이 15℃에서 1.5MPa 이하로 될 때까지 정치하였다.
④ 충전용 지관은 탄소함유량 0.1% 이하의 강을 사용하였다.

| 해설 | 62% 이하의 동합금을 사용(동, 수은, 은과 폭발성 물질생성)

34 배관용 탄소강관에 아연(Zn)을 도금하는 주된 이유는?

① 미관을 아름답게 하기 위해
② 보온성을 증대하기 위해
③ 내식성을 증대하기 위해
④ 부식성을 증대하기 위해

| 해설 | 아연도금의 목적은 부식을 방지하기 위해서이다.(내식성 증대)

35 수소 취급시 주의사항 중 옳지 않은 것은?

① 수소용기의 안전밸브는 파열판식을 사용한다.
② 용기밸브는 오른 나사이다.
③ 수소가스는 피로카롤 시약을 사용한 오르자트법에 의한 시험법에서 순도가 98.5% 이상이어야 한다.
④ 공업용 용기 도색은 주황색이고, "연"자 표시는 백색이다.

| 해설 | 수소용기 밸브는 왼나사이다.

36 부탄 $1m^3$를 완전연소시키는데 필요한 이론공기량은 약 몇 m^3인가? (단, 공기 중의 산소농도는 21v%이다.)

① 5
② 23.8
③ 6.5
④ 31

| 해설 | $C_4H_{10} + 6.5O_2 \rightarrow 4CO_2 + 5H_2O$

이론공기량(A_0) = $6.5 \times \frac{100}{21}$ = $30.95m^3/m^3$

| 정답 | 31. ① 32. ④ 33. ① 34. ③ 35. ② 36. ④

37 화씨온도 86℉는 몇 ℃인가?

① 30
② 35
③ 40
④ 45

| 해설 | ℃ = $\frac{5}{9}$ (86-32) = 30℃

38 고압가스 용기의 어깨부분에 "FP : 15MPa"라고 표기되어 있다. 이 의미를 옳게 설명한 것은?

① 사용압력이 15MPa이다.
② 설계압력이 15MPa이다.
③ 내압시험압력이 15MPa이다.
④ 최고충전압력이 15MPa이다.

| 해설 | ① 내용적 : V[L]
② 초저온용기 외의 용기 밸브 및 부속품을 분리한 용기 질량 : W[kg]
③ 아세틸렌은 용기·밸브·다공질물 및 용제 질량 : TW[kg]
④ 내압시험 압력 : TP[MPa]
⑤ 최고충전압력 : FP[MPa]

39 가스액화 분리장치 중 원료가스를 저온에서 분리, 정제하는 장치는?

① 한냉장치
② 정류장치
③ 열교환장치
④ 불순물제거장치

| 해설 | 정류장치 : 가스의 분리, 정제

40 초저온 용기에 대한 정의로 옳은 것은?

① 임계온도가 50℃ 이하인 액화가스를 충전하기 위한 용기
② 강판과 동판으로 제조된 용기
③ -50℃ 이하인 액화가스를 충전하기 위한 용기로써 용기 내의 가스 온도가 상용의 온도를 초과하지 않도록 한 용기
④ 단열재로 피복하여 용기내의 가스 온도가 상용의 온도를 초과하도록 조치된 용기

41 1kW의 열량을 환산한 것으로 옳은 것은?

① 536kcal/h
② 632kcal/h
③ 720kcal/h
④ 860kcal/h

| 해설 | 1kW = 102kg·m/s
1hr = 3600s, 1kcal = 427kg·m
$\frac{102 \times 3600}{427}$ = 859.953kcal/h

42 액화석유가스(LPG)의 기화장치의 액유출방지장치와 관련한 설명으로 틀린 것은?

① 액유출방지장치 작동여부는 기화장치의 압력계로 확인이 가능하다.
② 액유출 현상의 발생이 감지되면 신속히 기화장치의 입구밸브를 차단해서 더 이상의 액상가스 유입을 막아야 한다.
③ 액유출 현상이 발생되면 대부분 조정기 전단에서 결로 현상이나 성에가 끼는 현상이 발생한다.
④ 액유출 현상이 발생하면 액 팽창에 의해 조정기 및 계량기가 파손될 수 있다.

| 해설 | 기화장치의 액유출과 조정기 전단의 결로, 성에 등의 현상은 무관하다.

| 정답 | 37. ① 38. ④ 39. ② 40. ③ 41. ④ 42. ③

43 고압장치 운전 중 점검 사항으로 가장 거리가 먼 것은?

① 가스경보기의 상태
② 진동 및 소음 상태
③ 누출 상태
④ 벨트의 이완 상태

| 해설 | 벨트 이완 상태 점검은 압축기나 펌프 등 벨트 사용 장치에서 기동하기 전에 점검하는 사항이다.

44 압축, 액화 그 밖의 방법으로 처리할 수 있는 가스의 용적이 1일 100m³ 이상인 사업소에는 표준이 되는 압력계를 몇 개 이상 비치하여야 하는가?

① 1개   ② 2개
③ 3개   ④ 4개

| 해설 | • 1일 처리능력 100m³ 사업소는 2개 이상 표준 압력계 비치
• 압력계 눈금범위 : 1.5 ~ 2배

45 에어졸 제조설비 및 에어졸 충전용기 저장소는 화기 및 인화성물질과 얼마 이상의 우회거리를 유지하여야 하는가?

① 5m
② 8m
③ 12m
④ 20m

| 해설 | 에어졸 설비와 화기와의 우회거리 8m 이상

46 고압가스용기 파열사고의 원인으로 가장 거리가 먼 것은?

① 용기의 내(耐)압력 부족
② 용기의 재질불량
③ 용접상의 결함
④ 이상압력의 저하

| 해설 | 압력이 저하되면 파열사고는 발생되지 않는다.

47 액화석유가스 자동차용기 충전소에 설치하는 충전기의 충전호스 기준에 대한 설명으로 틀린 것은?

① 충전호스에 과도한 인장력이 가해졌을 때 충전기와 가스주입기가 분리될 수 있는 안전장치를 설치한다.
② 충전호스에 부착하는 가스주입기는 원터치형으로 한다.
③ 자동차 제조공정 중에 설치된 충전호스에 부착하는 가스주입기는 원터치형으로 하지 않을 수 있다.
④ 자동차 제조공정 중에 설치된 충전호스의 길이는 5m 이상으로 할 수 있다.

| 해설 | ③ 자동차 제조공정 중에 설치된 충전호스에 부착하는 가스 주입기는 원터치형으로 할 것

| 정답 | 43. ④   44. ②   45. ②   46. ④   47. ③

48 촉매를 사용하여 사용온도 400 ~ 800℃에서 탄화수소와 수증기를 반응시켜 메탄, 수소, 일산화탄소, 이산화탄소로 변환하는 방법은?

① 열분해공정
② 접촉분해공정
③ 부분연소공정
④ 수소화분해공정

| 해설 | • 가스화 방식에 의한 분류
  ① 열분해공정 : 원유, 중유, 나프타 등 분자량이 큰 탄화수소 원료를 고온 800~900℃으로 분해하여 10,000kcal/Nm³ 정도의 고열량 가스를 제조하는 방법.(H_2, CH_4, 타르, 카본)
  ③ 부분연소공정 : 산소 또는 공기를 흡입시킴에 의해 원료의 일부를 연소시켜 연속적으로 보충 2,000~3,000kcal/Nm³ 정도의 가스를 만드는 공정
  ④ 수소화분해공정 : H_2O, O_2, H_2를 탄화수소와 반응시켜 수소화분해에 의하여 가스화

49 일반도시가스 사업자 정압기의 분해점검 실시주기는?

① 3개월에 1회 이상
② 6개월에 1회 이상
③ 1년에 1회 이상
④ 2년에 1회 이상

| 해설 | 정압기 분해점검 2년에 1회 이상

50 공기 중의 산소 농도나 분압이 높아지는 경우의 연소에 대한 설명으로 틀린 것은?

① 연소속도 증가
② 발화온도 상승
③ 점화 에너지의 감소
④ 화염온도의 상승

| 해설 | • 산소 농도와 분압의 영향
  ① 연소속도 증가
  ② 발화온도 낮아짐
  ③ 점화 에너지의 감소
  ④ 화염온도의 상승
  ⑤ 폭발범위 넓어짐

51 오리피스, 벤투리관 및 플로노즐에 의하여 유량을 구할 때 가장 관계가 있는 것은?

① 유로의 교축기구 전후의 압력차
② 유로의 교축기구 전후의 성상차
③ 유로의 교축기구 전후의 온도차
④ 유로의 교축기구 전후의 비중차

| 해설 | • 차압식유량계 : 교축기구 전·후의 압력차를 이용
• 차압식유량계 종류 : 오리피스, 벤투리, 플로노즐

52 가연성가스의 검지경보장치 중 반드시 방폭성능을 갖지 않아도 되는 가스는?

① 수소
② 일산화탄소
③ 암모니아
④ 아세틸렌

| 해설 | 방폭구조에서 제외되는 가스 : NH_3, CH_3Br

| 정답 | 48. ② 49. ④ 50. ② 51. ① 52. ③

53 고온·고압의 가스 배관에 주로 쓰이며 분해, 보수 등이 용이하나 매설배관에는 부적당한 접합방법은?

① 플랜지 접합
② 나사 접합
③ 차입 접합
④ 용접 접합

| 해설 | 분해, 보수 유지에 용이한 접합방법은 플랜지 접합이다.

54 대기개방식 가스보일러가 반드시 갖추어야 하는 것은?

① 과압방지용 안전장치
② 저수위 안전장치
③ 공기자동빼기장치
④ 압력팽창탱크

| 해설 | 대기개방식 가스보일러는 운전 중 저수위 안전장치가 반드시 필요하다.

55 고압가스에 대한 사고예방설비기준으로 옳지 않은 것은?

① 가연성가스의 가스설비 중 전기설비는 그 설치장소 및 그 가스의 종류에 따라 적절한 방폭 성능을 가지는 것일 것
② 고압가스설비에는 그 설비안의 압력이 내압압력을 초과하는 경우 즉시 그 압력을 내압압력 이하로 되돌릴 수 있는 안전장치를 설치하는 등 필요한 조치를 할 것
③ 폭발 등의 위해가 발생할 가능성이 큰 특수반응설비에는 그 위해의 발생을 방지하기 위하여 내부반응 감시설비 및 위험사태 발생 방지설비의 설치 등 필요한 조치를 할 것
④ 저장탱크 및 배관에는 그 저장탱크 및 배관이 부식되는 것을 방지하기 위하여 필요한 조치를 할 것

| 해설 | 고압가스 설비안전장치 작동압력은 상용압력 × 1.5배 × $\frac{8}{10}$에서 작동한다.

56 고압가스 충전용기의 운반기준으로 틀린 것은?

① 충전용기를 차량에 적재하여 운반할 때는 붉은 글씨로 "위험고압가스"라는 경계표시를 할 것
② 운반 중의 충전용기는 항상 50℃ 이하를 유지할 것
③ 하역 작업시에는 완충판 위에서 취급하며 이를 항상 차량에 비치할 것
④ 충격을 방지하기 위하여 로프 등으로 결속할 것

| 해설 | 충전용기는 40℃ 이하 유지

| 정답 | 53. ① 54. ② 55. ② 56. ②

57 플레어스택의 높이는 지표면에 미치는 복사열이 얼마 이하가 되도록 설치하여야 하는가?

① $1,000 kcal/m^2 \cdot hr$
② $2,000 kcal/m^2 \cdot hr$
③ $3,000 kcal/m^2 \cdot hr$
④ $4,000 kcal/m^2 \cdot hr$

| 해설 | 플레어스택의 설치 위치 및 높이는 플레어스택 바로 밑의 지표면에 미치는 복사열이 $4,000 kcal/m^2 \cdot hr$ 이하가 되도록 할 것

58 침종식 압력계에서 사용하는 측정원리(법칙)는 무엇인가?

① 아르키메데스의 원리
② 파스칼의 원리
③ 뉴턴의 법칙
④ 돌턴의 법칙

| 해설 | 침종식 압력계는 부력의 원리를 이용한 것으로 아르키메데스의 원리이다.

59 도시가스 사업소 내에서는 긴급사태 발생시 필요한 연락을 신속히 할 수 있도록 통신시설을 갖추어야 한다. 이때 인터폰을 설치하는 경우의 통신범위는 어느 것인가?

① 안전관리자가 상주하는 사업소와 현장 사업소와의 사이
② 사업소 내 전체
③ 종업원 상호 간
④ 사업소 책임자와 종업원 상호 간

| 해설 | 인터폰은 안전관리자 상주하는 사업소와 현장 사업소간일 때 사용된다.

60 유독성 가스를 검지하고자 할 때 하리슨 시험지를 사용하는 가스는?

① 염소   ② 아세틸렌
③ 황화수소   ④ 포스겐

| 해설 | ㉠ 염소 : KI 전분지
㉡ 아세틸렌 : 염화 제동 착염지
㉢ 황화수소 : 초산납 시험지 (연당지)

| 정답 | 57. ④ 58. ① 59. ① 60. ④

FINAL CHECK

가스기능사 모의고사 7회

01 고압가스 운반책임자를 꼭 동승하여야 하는 경우로서 틀린 것은?

① 압축가스인 수소 500m³를 적재하여 운반할 경우
② 압축가스인 수소 800m³를 적재하여 운반하는 경우
③ 액화석유가스를 충전한 납붙임 용기 1000kg을 적재하여 운반하는 경우
④ 액화석유가스를 충전한 탱크로리로서 3000kg을 적재하여 운반하는 경우

| 해설 | 운반책임자 동승은 액화가스 가연성 3t 이상시 납붙임 접합용기의 경우 2ton 이상시이다.

02 공기 중에서 가연성 물질을 연소시킬 때 공기중의 산소 농도를 증가시키면 연소속도와 발화온도는 각각 어떻게 되는가?

① 연소속도는 빨라지고, 발화온도는 높아진다.
② 연소속도는 빨라지고, 발화온도는 낮아진다.
③ 연소속도는 느려지고, 발화온도는 높아진다.
④ 연소속도는 느려지고, 발화온도는 낮아진다.

| 해설 | 가연성 물질이 연소시 산소농도가 증가하면 연소속도는 빨라지고 발화온도는 낮아진다.

03 가스를 사용하려 하는데 밸브에 얼음이 얼어붙었다. 이때 조치방법으로 가장 적절한 것은?

① 40℃ 이하의 더운물을 사용하여 녹인다.
② 80℃의 램프로 가열하여 녹인다.
③ 100℃의 뜨거운 물을 사용하여 녹인다.
④ 가스토치로 가열하여 녹인다.

| 해설 | 동결된 밸브는 40℃ 이하의 더운물 또는 열습포를 사용한다.

04 0℃, 1atm에서 4L인 기체는 273℃, 1atm일 때 몇 L가 되는가?

① 2
② 4
③ 8
④ 12

| 해설 | $\dfrac{4L}{273+0°K} = \dfrac{xL}{273+273°K}$
∴ $x = 8L$

| 정답 | 01. ③ 02. ② 03. ① 04. ③

05 도시가스의 유해성분·열량·압력 및 연소성 측정에 관한 설명으로 틀린 것은?

① 매일 2회 도시가스 제조소의 출구에서 자동열량 측정기로 열량을 측정한다.
② 정압기 출구 및 가스공급시설 끝부분의 배관(일반가정의 취사용)에서 측정한 가스압력은 0.5kPa 이상 1.5kPa 이내를 유지한다.
③ 도시가스 원료가 LNG 및 LPG+Air가 아닌 경우 황전량, 황화수소 및 암모니아 등 유해성분 측정을 매주 1회 검사한다.
④ 도시가스 성분 중 유해성분의 양은 0℃, 101,325Pa에서 건조한 도시가스 $1m^3$당 황전량은 0.5g, 황화 수소는 0.02g, 암모니아는 0.2g을 초과하지 못한다.

| 해설 | 정압기 출구 및 가스공급시설 끝부분의 배관(일반가정의 취사용)에서 측정한 가스압력은 1kPa ~ 2.5kPa 이내 유지

06 표준상태에서 프로판 22g을 완전 연소시켰을 때 얻어지는 이산화탄소의 부피는 몇 L인가?

① 23.6   ② 33.6
③ 35.6   ④ 67.6

| 해설 |
$$C_3H_8 + 5O_2 \rightarrow 3CO_2 + 4H_2O$$
44g : 3×22.4ℓ
22g : xℓ

$$\therefore x = \frac{22 \times (3 \times 22.4)}{44} = 33.6g$$

07 재료에 인장과 압축하중을 오랜시간 반복적으로 작용시키면 그 응력이 인장강도보다 작은 경우에도 파괴되는 현상은?

① 인성파괴
② 피로파괴
③ 취성파괴
④ 크리프파괴

| 해설 | 피로파괴 : 재료에 인장, 압축하중을 오랜시간 반복하면 파괴되는 현상

08 단열공간 양면간에 복사방지용 실드판으로서의 알루미늄박과 글라스울을 서로 다수 포개어 고진공 중에 둔 단열법은?

① 상압 단열법
② 고진공 단열법
③ 다층진공 단열법
④ 분말진공 단열법

| 해설 | 상압 단열법 : 단열공간에 분말, 섬유 등의 단열재를 충전하는 방법
고진공 단열법 : 압력을 10^{-3}Torr 정도로 낮게 하여 공기에 의한 전열을 급격히 저하시켜 단열하는 방법
다층진공 단열법 : 단열공간에 알루미늄박, 글라스울을 다수 포개어 고진공에 둔 단열법
분말진공 단열법 : 단열공간을 10^{-2}Torr 진공상태로 하여 충진용 분말인 퍼얼라이트, 규조토 알루미늄 분말을 충진한 단열법

| 정답 | 05. ② 06. ② 07. ② 08. ③

09 암모니아 가스를 저장하는 용기에 대한 설명으로 틀린 것은?

① 용접용기 재질은 탄소강으로 한다.
② 검지경보장치는 방폭성능을 가지지 않아도 된다.
③ 충전구의 나사형식은 왼나사로 한다.
④ 용기의 바탕색은 백색으로 한다.

| 해설 | • 가스에 따른 충전구 나사형식
　　　① 왼나사 (밸브의 육각너트에 V자 홈) : 가연성가스(액화 CH_3Br, 액화 NH_3, 제외)
　　　② 오른나사 : 액화 CH_3Br, 액화 NH_3, 및 조연성, 불연성가스

10 다음 중 1종 보호시설이 아닌 것은?

① 대지면적이 2,000m²에 신축한 주택
② 국보 제1호인 숭례문
③ 시장에 있는 공중목욕탕
④ 건축연면적이 300m²인 유아원

| 해설 | • 1종 보호시설
　　　① 건물연면적 1,000m² 이상인 사람을 수용하는 건축물(학교, 유치원, 학원, 병원, 시장, 호텔 등)
　　　② 사람 수용능력이 20인 이상인 건축물(극장, 교회, 공연장)
　　　③ 사람 수용능력이 20인 이상인 건축물(아동복지시설, 장애인복지시설)
　　　④ 유형문화재 건축물
　　• 2종 보호시설
　　　① 주택
　　　② 건물연면적 100~1,000m²인 사람을 수용하는 건축물

11 NG(천연가스), LPG(액화석유가스), LNG(액화천연가스) 등 기체연료의 특징에 대한 설명으로 틀린 것은?

① 공해가 거의 없다.
② 적은 공기비로 완전 연소한다.
③ 연소효율이 높다.
④ 저장이나 수송이 용이하다.

| 해설 | • 기체연료 특징
　　　① 적은 공기비로 연소 가능
　　　② 연소효율이 높고 공해문제가 없다.
　　　③ 회분이 없고, 전열면 오손이 적다.
　　　④ 누설시 화재, 폭발 위험이 크다.
　　　⑤ 저장, 수송에 주의 요망
　　　⑥ 설비비가 많이 든다.

12 산소의 성질에 대한 설명으로 틀린 것은?

① 자신은 연소하지 않고 연소를 돕는 가스이다.
② 물에 잘 녹으며 백금과 화합하여 산화물을 만든다.
③ 화학적으로 활성이 강하여 원소와 반응하여 산화물을 만든다.
④ 무색, 무취의 기체이다.

| 해설 | 산소는 물에 약간 녹으며 액체산소는 담청색을 띤다.(액비중은 1.14kg/L)

| 정답 | 09. ③　10. ①　11. ④　12. ②

13 압축천연가스자동차 충전의 저장설비 및 완충탱크 안전장치의 방출관 시설기준으로 옳은 것은?

① 방출관은 지상으로부터 30m 이상의 높이 또는 저장탱크 및 완충탱크의 정상부로부터 10m의 높이 중 높은 위치로 한다.
② 방출관은 지상으로부터 15m 이상의 높이 또는 저장탱크 및 완충탱크의 정상부로부터 5m의 높이 중 높은 위치로 한다.
③ 방출관은 지상으로부터 10m 이상의 높이 또는 저장탱크 및 완충탱크의 정상부로부터 3m 높이 중 높은 위치로 한다.
④ 방출관은 지상으로부터 5m 이상의 높이 또는 저장탱크 및 완충탱크의 정상부로부터 2m 높이 중 높은 위치로 한다.

| 해설 | 방출구는 지상 5m나 저장탱크 정상부 2m 높이 중 높은 위치에 설치할 것

14 고압가스 저장능력 산정시 액화가스의 용기 및 차량에 고정된 탱크의 산정식은? (단, W는 저장능력(kg), d는 액화가스의 비중(kg/L), V_2는 내용적(V), C는 가스의 종류에 따른 정수이다.)

① $W = 0.9dV_2$
② $W = \dfrac{V_2}{C}$
③ $W = 0.9dC^2$
④ $W = \dfrac{V_2}{C^2}$

| 해설 | $W = \dfrac{V_2}{C}$(kg)

15 하천의 바닥이 경암으로 이루어져 도시가스 배관의 매설 깊이를 유지하기 곤란하여 배관을 보호조치한 경우에는 배관의 외면과 하천 바닥 경암 상부와의 최소거리는 얼마이어야 하는가?

① 1.0m   ② 1.2m
③ 2.5m   ④ 4m

| 해설 | 하천의 도시가스 배관 매설시 배관의 보호장치를 한 경우는 1.2m 이상의 깊이가 필요하다.

16 압력에 대한 설명으로 옳은 것은?

① 표준대기압이란 0℃에서 수은주 760mmHg에 해당하는 압력을 말한다.
② 진공압력이란 대기압보다 낮은 압력으로 대기압력과 절대압력을 합한 것이다.
③ 용기 내벽에 가해지는 기체의 압력을 게이지압력이라 하며, 대기압과 압력계에 나타난 압력을 합한 것이다.
④ 절대압력이란 표준대기압 상태를 0으로 기준하여 측정한 압력을 말한다.

| 해설 | ㉠ 절대압력 = 게이지압력 + 대기압
㉡ 대기압을 0으로 본 상태의 압력은 게이지압력이다.

17 원심식 압축기를 사용하는 냉동설비는 원동기 정격출력 얼마를 1일의 냉동능력 1톤으로 하는가?

① 1.2kW   ② 2.4kW
③ 3.6kW   ④ 4.8kW

| 해설 | 원심압축기 1.2kW를 1일 냉동능력 1톤으로 한다.

| 정답 | 13. ④ 14. ② 15. ② 16. ① 17. ①

18 유체가 5m/s의 속도로 흐를 때 이 유체의 속도수두는 약 몇 m인가? (단, 중력가속도는 9.8m/s²이다.)

① 0.98 ② 1.28
③ 12.2 ④ 14.1

| 해설 | $v = k\sqrt{2gh}$
$5 = \sqrt{2 \times 9.8 \times h}$
$\therefore h = \dfrac{5^2}{2 \times 9.8} = 1.2755m$

19 비중이 공기보다 무거워 바닥에 체류하는 가스로만 된 것은?

① 프로판, 염소, 포스겐
② 프로판, 수소, 아세틸렌
③ 염소, 암모니아, 아세틸렌
④ 염소, 포스겐, 암모니아

| 해설 | 분자량이 공기의 29보다 크면 체류한다.(프로판 44, 염소 71, 포스겐 99)

20 가스 난방기구가 보급되면서 급배기 불량으로 인명사고가 많이 발생한다. 그 이유로 가장 옳은 것은?

① N_2 발생
② CO_2 발생
③ CO 발생
④ 연소되지 않은 생가스 발생

| 해설 | 난방기기의 급배기 불량은 CO 중독사고 발생

21 "어떠한 방법으로라도 어떤 계를 절대온도 0도에 이르게 할 수 없다"는 열역학 몇 법칙인가?

① 열역학 제 0법칙
② 열역학 제 1법칙
③ 열역학 제 2법칙
④ 열역학 제 3법칙

| 해설 | 열역학 제 3법칙 : 절대온도 0도(273K)에 이르게 할 수 없다는 법칙이다.

22 가스가 누출된 경우에 확산을 방지하기 위해서 방류둑을 설치한다. 방류둑을 설치하지 않아도 되는 저장탱크는?

① 저장능력 1000톤의 액화질소탱크
② 저장능력 10톤의 액화암모니아탱크
③ 저장능력 1000톤의 액화산소탱크
④ 저장능력 5톤의 액화염소탱크

| 해설 | 질소는 불연성 무독성 가스이므로 방류둑 설치에서 제외된다.

23 내용적 50L의 용기에 수압 30kgf/cm²를 가해 내압시험을 하였다. 이 경우 30kgf/cm²의 수압을 걸었을 때 용기의 용적이 50.5L로 늘어났고 압력을 제거하여 대기압으로 하니 용기용적은 50.025L로 되었다. 항구증가율은 얼마인가?

① 0.3% ② 0.5%
③ 3%   ④ 5%

| 해설 | 50.5 − 50 = 0.5L
50.025 − 50 = 0.025L
$\therefore \dfrac{0.025}{0.5} \times 100 = 5\%$

| 정답 | 18. ② 19. ① 20. ③ 21. ④ 22. ① 23. ④

24 LPG 사용시설에서 가스누출경보장치 검지부 설치높이의 기준으로 옳은 것은?

① 바닥에서 30cm 이내
② 바닥에서 60cm 이내
③ 천장에서 30cm 이내
④ 천장에서 60cm 이내

| 해설 | LP가스는 비중이 공기보다 무거워서 가스누출 경보장치 검지부 설치높이는 지면 바닥에서 30cm 이내로 한다.

25 이상기체에 대한 설명으로 옳은 것은?

① 일정온도에서 기체의 부피는 압력에 비례한다.
② 일정압력에서 부피는 온도에 반비례한다.
③ 일정부피에서 압력은 온도에 반비례한다.
④ 보일-샤를의 법칙을 따르는 기체를 말한다.

| 해설 | 이상기체 : 보일-샤를의 법칙을 따르는 기체이다.

26 독성가스의 저장탱크에는 과충전 방지장치를 설치하도록 규정되어 있다. 저장탱크의 내용적이 몇 %를 초과하여 충전되는 것을 방지하기 위한 것인가?

① 80%
② 85%
③ 90%
④ 85%

| 해설 | 과충전 방지 장치 : 독성가스 저장탱크에 내용적 90%를 초과하는 것을 방지하는 장치

27 공정에 존재하는 위험요소들과 공정의 효율을 떨어뜨릴 수 있는 운전상의 문제점을 찾아내어 그 원인을 제거하는 정성적 안정성 평가기법을 의미하는 것은?

① FTA
② ETA
③ CCA
④ HAZOP

| 해설 | ㉠ 위험과 운전분석 : HAZOP
㉡ 결함수 분석 : FTA
㉢ 사건수 분석 : ETA
㉣ 원인결과 분석 : CCA

28 산소가스가 27°C에서 130kg/cm²의 압력으로 50kg이 충전되어 있다. 이때 부피는 몇 m³인가? (단, 산소의 정수는 26.5kg · m/kg · k)이다.)

① 0.25
② 0.28
③ 0.30
④ 0.43

| 해설 | $PV = GRT$, $V = \dfrac{GRT}{P}$

$V = \dfrac{50 \times 26.5 \times (27 + 273)}{130 \times 10^4} = 0.305 m^3$

29 가스누출자동차단장치를 설치하여도 설치 목적을 달성할 수 없는 시설이 아닌 것은?

① 개방된 공장의 국부난방시설
② 경기장의 성화대
③ 상하방향, 전후방향, 좌우방향 중에 2방행 이상이 외기에 개방된 가스 사용시설
④ 개방된 작업장에 설치된 용접 또는 절단시설

| 해설 | 동서남북으로 외기에 개방된 가스사용시설을 가스누출자동 차단기의 설치를 하여도 효과가 미미하다.

| 정답 | 24. ① 25. ④ 26. ③ 27. ④ 28. ③ 29. ③

30 기체상태의 가스를 액화시킬 수 있는 최고의 온도를 무엇이라고 하는가?

① 화씨온도　② 절대온도
③ 임계온도　④ 액화온도

| 해설 | • 액화조건 : 임계온도 이하, 임계압력 이상
　㉠ 임계온도 : 가스를 액화시킬 수 있는 최고 온도
　㉡ 임계압력 : 가스를 액화시킬 수 있는 최저 압력

31 다음 중 NH_3의 용도가 아닌 것은?

① 요소 제조　② 질산 제조
③ 유안 제조　④ 포스겐 제조

| 해설 | ④ 포스겐 제조 : $CO + Cl_2 \xrightarrow{활성탄} COCl_2$

32 LPG 충전·저장·집단공급·판매시설·영업소의 안정성 확인 적응대상 공정이 아닌 것은?

① 지하탱크를 지하에 매설한 후의 공정
② 배관의 지하매설 및 비파괴시험 공정
③ 방호벽 또는 지상형 저장탱크의 기초설치 공정
④ 공정상 부득이하여 안정성 확인시 실시하는 내압·기밀시험 공정

| 해설 | ㉠ LP가스 안전성 확인 적용 대상 공정은 "②, ③, ④"항의 공정이 필요하다.
　㉡ 지하탱크는 지하에 매설하기 전 안전성 확인 공정이 필요하다.

33 염소의 재해 방지용으로 사용되는 제독제가 될 수 없는 것은?

① 소석회
② 탄산소다 수용액
③ 가성소다 수용액
④ 물

| 해설 | • 염소 제독제 : 소석회, 탄산소다수용액, 가성소다수용액
• 물이 제독제인 가스 : 암모니아, 산화에틸렌, 염화메탄, 아황산가스

34 가스 액화분리장치의 구성 3요소가 아닌 것은?

① 한랭발생 장치
② 정류 장치
③ 불순물 제거 장치
④ 유회수 장치

| 해설 | • 가스액화 분리장치 구성
　㉠ 한랭발생 장치
　㉡ 정류 장치
　㉢ 불순물 제거 장치

35 탄화수소에서 탄소수가 증가할수록 높아지는 것은?

① 증기압　② 발화점
③ 비등점　④ 폭발 하한계

| 해설 | 탄화수소 가스에서 탄소(C)수가 증가하면 비등점이 높아진다.

| 정답 | 30. ③　31. ④　32. ①　33. ④　34. ④　35. ③

36 다음 중 일체형 냉동기로 볼 수 없는 것은?

① 냉매설비 및 압축용 원동기가 하나의 프레임 위에 일체로 조립된 것
② 냉동설비를 사용할 때 스톱밸브 조작이 필요한 것
③ 응축기 유니트와 증발기 유니트가 냉매배관으로 연결된 것으로서 1일 냉동능력이 20톤 미만인 공조용 패키지 에어컨
④ 사용 장소에 분할·반입하는 경우에 냉매설비에 용접 또는 절단을 수반하는 공사를 하지 아니하고 재조립하여 냉동제조용으로 사용할 수 있는 것

37 액주식 압력계에 사용되는 액체의 구비조건으로 틀린 것은?

① 화학적으로 안정되어야 한다.
② 모세관 현상이 없어야 한다.
③ 점도와 팽창계수가 작아야 한다.
④ 온도변화에 의한 밀도변화가 커야 한다.

| 해설 | 액주식 압력계의 봉입액은 온도변화시 밀도 변화가 적어야 한다.

38 기어펌프로 50kg 용기에 LP가스를 충전하던 중 베이퍼록이 발생되었다면 그 원인으로 틀린 것은?

① 저장탱크의 긴급차단 밸브가 충분히 열려 있지 않았다.
② 스트레이너에 녹, 먼지가 끼었다.
③ 펌프의 회전수가 적었다.
④ 흡입측 배관의 지름이 가늘었다.

| 해설 | • 베이퍼록 발생원인
① 흡입 양정이 지나치게 길 때
② 과속으로 유량이 증대될 때
③ 흡입관 입구 등에서 마찰저항 증가시
④ 관로 내의 온도 상승시

39 아세틸렌가스를 2.5MPa의 압력으로 압축할 때 사용되는 희석제가 아닌 것은?

① 질소   ② 메탄
③ 일산화탄소   ④ 아세톤

| 해설 | 아세틸렌 희석제 : 질소, 메탄, 일산화탄소

40 고압식 공기액화 분리장치에서 구조상 없는 부분은?

① 아세틸렌 흡착기   ② 열교환기
③ 수소액화기   ④ 팽창기

| 해설 | • 고압식 공기액화 분리장치 구조
① 아세틸렌 흡착기
② 열교환기
③ 팽창기
④ 탄산가스흡수기
⑤ 중각냉각기
⑥ 유·수분리기
⑦ 예냉기
⑧ 공기압축기

| 정답 | 36. ② 37. ④ 38. ④ 39. ④ 40. ③

41 가스의 정상연소 속도를 가장 옳게 나타낸 것은?

① 0.03 ~ 10m/s
② 30 ~ 100m/s
③ 350 ~ 500m/s
④ 1000 ~ 3500m/s

| 해설 | • 정상연소시 : 0.03 ~ 10m/s
• 폭굉시 : 1000 ~ 3500m/s

42 고압가스안전관리법에서 규정한 특정고압가스에 해당하지 않는 것은?

① 삼불화질소
② 사불화규소
③ 수소
④ 오불화비소

| 해설 | • 특정고압가스 사용신고대상
① 게르만·디실란·사불화규소·사불화유황
② 삼불화붕소·삼불화인·삼불화질소·셀렌화수소
③ 압축디보레인·압축모노실란·액화알진·액화염소
④ 액화암모니아·오불화비소·오불화인·포스핀

43 액화석유가스 이송용 펌프에서 발생하는 이상현상으로 가장 거리가 먼 것은?

① 케비테이션
② 수격작용
③ 오일포밍
④ 베이퍼록

| 해설 | 오일포밍 현상은 냉동기 압축기에서 발생

44 압축기에서 다단압축을 하는 주된 목적은?

① 압축일과 체적효율 증가
② 압축일 증가와 체적효율 감소
③ 압축일 감소와 체적효율 증가
④ 압축일과 체적효율 감소

| 해설 | • 압축기 다단압축 목적
① 압축 일량 감소
② 최적 효율 증가
③ 힘의 평형이 양호
④ 가스의 온도상승 방지

45 다음 중 부취제의 토양투과성의 크기가 순서대로 된 것은?

① DMS 〉 TBM 〉 THT
② DMS 〉 THT 〉 TBM
③ TBM 〉 DMS 〉 THT
④ THT 〉 TBM 〉 DMS

| 해설 | 토양투과성크기 : DMS 〉 TBM 〉 THT

46 암모니아 합성법 중에서 고압합성에 사용되는 방식은?

① 카자레법
② 뉴 파우더법
③ 케미크법
④ 구우데법

| 해설 | ㉠ 고압합성법(60 ~ 100MPa) : 클로우드법, 카자레법
㉡ 중압합성법(30MPa) : 케미크법, 뉴파우더법
㉢ 저압합성법(15MPa) : 구우데법, 케로그법

| 정답 | 41. ① 42. ③ 43. ③ 44. ③ 45. ① 46. ①

47 저장탱크의 지하설치기준에 대한 설명으로 틀린 것은?

① 천장, 벽 및 바닥의 두께가 각각 30cm 이상인 방수조치를 한 철근 콘크리트로 만든 곳에 설치한다.
② 지면으로부터 저장탱크의 정상부까지의 간격은 1m 이상으로 한다.
③ 저장탱크에 설치한 안전밸브에는 지면에서 5m 이상의 높이에 방출구가 있는 가스방출관을 설치한다.
④ 저장탱크를 매설한 곳의 주위에는 지상에 경계표지를 설치한다.

| 해설 | • 지하저장탱크 설치기준
① 천정, 벽, 바닥두께 30cm 이상
② 주위는 마른모래, 정상부와 지면은 60cm 이상 거리
③ 탱크 사이 1m 이상 유지, 지상에 경계표지
④ 지상에서 5m 이상 방출구 설치

48 액화석유가스는 공기 중의 혼합비율의 용량이 얼마인 상태에서 감지할 수 있도록 냄새가 나는 물질을 섞어 용기에 충전하여야 하는가?

① $\frac{1}{10}$ ② $\frac{1}{100}$
③ $\frac{1}{1000}$ ④ $\frac{1}{10000}$

| 해설 | 부취제 혼합비율 : $\frac{1}{1000}$

49 발화온도와 폭발등급에 의한 위험성을 비교하였을 때 위험도가 가장 큰 것은?

① 부탄
② 암모니아
③ 아세트알데히드
④ 메탄

| 해설 | • 폭발범위
㉠ 부탄 : 1.8~8.4%   H=3.67
㉡ 암모니아 : 15~28%   H=0.87
㉢ 아세트알데히드 : 4.1~57%   H=12.9
㉣ 메탄 : 5~15%   H=2

50 가연성가스와 산소의 혼합비가 완전 산화에 가까울수록 발화지연은 어떻게 되는가?

① 길어진다.   ② 짧아진다.
③ 변함이 없다.   ④ 일정치 않다.

| 해설 | 가연성가스와 산소의 혼합비가 완전 산화에 가까울수록 발화지연은 짧아진다.

51 고압가스 일반제조시설의 저장탱크를 지하에 매설하는 경우의 기준에 대한 설명으로 틀린 것은?

① 저장탱크 외면에는 부식방지코팅을 한다.
② 저장탱크는 천장, 벽, 바닥의 두께가 각각 10cm 이상의 콘크리트로 설치한다.
③ 저장탱크 주위에는 마른 모래를 채운다.
④ 저장탱크에 설치한 안전밸브에는 지면에서 5m 이상의 높이에 방출구가 있는 가스방출관을 설치한다.

| 해설 | 콘크리트 두께 : 30cm 이상

| 정답 | 47. ② 48. ③ 49. ③ 50. ② 51. ②

52 다음 중 왕복식 펌프에 해당하지 않는 것은?

① 플런저 펌프
② 피스톤 펌프
③ 다이어프램 펌프
④ 기어 펌프

| 해설 | 기어 펌프는 회전 펌프이다.

53 2단 감압 조정기의 장점이 아닌 것은?

① 공급압력이 안정하다.
② 배관이 가늘어도 된다.
③ 장치가 간단하다.
④ 각 연소기구에 알맞은 압력으로 공급이 가능하다.

| 해설 | 2단 감압 조정기는 장치가 복잡하다.

54 수소취성을 방지하기 위하여 첨가되는 원소가 아닌 것은?

① Mo
② W
③ Ti
④ Mn

| 해설 | 수소취성(탈탄방지) 원소 : W, Cr, Ti, Mo, V

55 제조소에 설치하는 긴급차단장치에 대한 설명으로 옳지 않은 것은?

① 긴급차단장치는 저장탱크 주 밸브의 외측에 가능한 한 저장탱크의 가까운 위치에 설치해야 한다.
② 긴급차단장치는 저장탱크 주 밸브와 겸용으로 하여 신속하게 차단할 수 있어야 한다.
③ 긴급차단장치의 동력원은 그 구조에 따라 액압, 기압, 전기 또는 스프링 등으로 할 수 있다.
④ 긴급차단장치는 당해 저장탱크 외면으로부터 5m 이상 떨어진 곳에서 조작할 수 있어야 한다.

| 해설 | 긴급차단장치와 주밸브는 겸용이 불가하다.

56 프로판의 착화온도는 약 몇 ℃ 정도인가?

① 460 ~ 520
② 550 ~ 590
③ 600 ~ 660
④ 680 ~ 740

| 해설 | 프로판의 착화온도 : 460 ~ 520℃

57 아황산가스의 제독제로 갖추어야 할 것이 아닌 것은?

① 가성소다수용액
② 소석회
③ 탄산소다수용액
④ 물

| 해설 | SO_2 제독제 : 가성소다 수용액, 탄산소다수용액, 물

| 정답 | 52. ④ 53. ③ 54. ④ 55. ② 56. ① 57. ②

58 배관용밸브 제조자가 안전관리규정에 따라 자체검사를 적정하게 수행하기 위해 갖추어야 하는 계측기기에 해당하는 것은?

① 내전압시험기
② 토크메타
③ 대기압계
④ 표면온도계

59 가연성 가스이면서 독성가스인 것은?

① 일산화탄소
② 프로판
③ 메탄
④ 불소

| 해설 | ① 일산화탄소 (가연성, 독성)
② 프로판 (가연성)
③ 메탄 (가연성)
④ 불소 (조연성, 독성)

60 도시가스 배관에 설치하는 전위측정용 터미널의 간격을 옳게 나타낸 것은?

① 희생양극법 : 300m 이내, 외부전원법 : 400m 이내
② 희생양극법 : 300m 이내, 외부전원법 : 500m 이내
③ 희생양극법 : 400m 이내, 외부전원법 : 500m 이내
④ 희생양극법 : 400m 이내, 외부전원법 : 600m 이내

| 해설 | • 전위측정용 터미널 간격
  ┌ 희생양극법 : 300m 이내
  └ 외부전원법 : 500m 이내

| 정답 | 58. ② 59. ① 60. ②

FINAL CHECK

가스기능사 모의고사 8회

01 가스의 폭발에 대한 설명 중 틀린 것은?

① 폭발범위가 넓은 것은 위험하다.
② 가스의 비중이 큰 것은 낮은 곳에 체류할 위험이 있다.
③ 안전간격이 큰 것 일수록 위험하다.
④ 폭굉은 화염전파속도가 음속보다 크다.

| 해설 | 안전간격이 적을수록 위험한 가스이다.

02 기체연료의 일반적인 특징에 대한 설명으로 틀린 것은?

① 완전연소가 가능하다.
② 고온을 얻을 수 있다.
③ 화재 및 폭발의 위험성이 적다.
④ 연소조절 및 점화, 소화가 용이하다.

| 해설 | 기체연료는 완전연소와 고온을 얻는데 유리하나 화재 및 폭발의 우려가 높다.

03 가연성가스 제조설비 중 전기설비는 방폭성능을 가지는 구조이어야 한다. 다음 중 반드시 방폭성능을 가지는 구조로 하지 않아도 되는 가연성 가스는?

① 수소   ② 프로판
③ 아세틸렌   ④ 암모니아

| 해설 | 가연성가스 중 암모니아는 방폭구조로 하지 않아도 된다.

04 도시가스가 안전하게 공급되어 사용되기 위한 조건으로 옳지 않은 것은?

① 공급하는 가스에 공기 중의 혼합비율의 용량이 1/1000 상태에서 감지할 수 있는 냄새가 나는 물질을 첨가해야 한다.
② 정압기 출구에서 측정한 가스압력은 1.5kPa 이상 2.5kPa 이내를 유지해야 한다.
③ 웨베지수는 표준 웨베지수의 ±4.5% 이내를 유지해야 한다.
④ 도시가스 중 유해성분은 건조한 도시가스 $1m^3$당 황전량은 0.5g 이하를 유지해야 한다.

| 해설 | 정압기 출구압력은 2.3 ~ 3.3kPa 이내이어야 한다.

05 500kcal/h의 열량을 일($kg_f \cdot m/s$)로 환산하면 얼마가 되겠는가?

① 59.3   ② 500
③ 4215.5   ④ 213,500

| 해설 | 1kcal = 427kg·m

500kcal/h × 427kg·m/sec × $\frac{1h}{3600sec}$

= 59.305kg·m/sec

| 정답 | 01. ③ 02. ③ 03. ④ 04. ② 05. ①

06 액화석유가스 용기충전시설의 저장탱크에 폭발방지장치를 의무적으로 설치하여야 하는 경우는?

① 상업지역에 저장능력 15톤 저장탱크를 지상에 설치하는 경우
② 녹지지역에 저장능력 20톤 저장탱크를 지상에 설치하는 경우
③ 주거지역에 저장능력 5톤 저장탱크를 지상에 설치하는 경우
④ 녹지지역에 저장능력 30톤을 저장탱크를 지상에 설치하는 경우

| 해설 | LPG 충전시설 저장탱크 폭발방지 장치는 주거지역 또는 상업지역의 10ton 이상의 저장탱크를 지상설치 시 반드시 설치해야 한다.

07 다음 중 폭발범위의 상한값이 가장 낮은 가스는?

① 암모니아 ② 프로판
③ 메탄 ④ 일산화탄소

| 해설 | • 폭발 범위
  ㉠ 암모니아 : 15 ~ 28%
  ㉡ 프로판 : 2.1 ~ 9.5%
  ㉢ 메탄 : 5 ~ 15%
  ㉣ 일산화탄소 : 12.5 ~ 74%

08 다음 금속재료 중 저온재료로 가장 부적당한 것은?

① 탄소강 ② 니켈강
③ 스테인리스강 ④ 황동

| 해설 | 저온 재료 : 니켈강, 동 및 동합금, 알루미늄, 스테인레스강

09 펌프에서 유량을 Q m³/min, 양정을 H m, 회전수 N rpm이라 할 때 1단 펌프에서 비교 회전도 η_s를 구하는 식은?

① $\eta_s = \dfrac{Q^2 \sqrt{N}}{H^{3/4}}$ ② $\eta_s = \dfrac{N^2 \sqrt{Q}}{H^{3/4}}$

③ $\eta_s = \dfrac{\sqrt[N]{Q}}{H^{3/4}}$ ④ $\eta_s = \dfrac{\sqrt{NQ}}{H^{3/4}}$

| 해설 | • 비교 회전도
$$\eta_s = \dfrac{\sqrt[N]{Q}}{H^{3/4}}$$
N : 회전수(rpm) Q : 유량(m³/min)
H : 양정(m)

10 가스 도매사업의 가스공급 시설·가준에서 배관을 지상에 설치할 경우 원칙적으로 배관에 도색하여야 하는 색상은?

① 흑색 ② 황색
③ 적색 ④ 회색

| 해설 | 가스 도매사업에서 지상배관의 도색은 황색

11 압축기의 윤활유에 대한 설명으로 옳은 것은?

① 산소압축기의 윤활유로는 물을 사용한다.
② 염소압축기의 윤활유로는 양질의 광유가 사용된다.
③ 수소압축기의 윤활유로는 식물성유가 사용된다.
④ 공기압축기의 윤활유로는 식물성유가 사용된다.

| 해설 | • 압축기 윤활유
  ㉠ 산소 압축기 : 물 또는 10% 이하의 묽은 글리세린수
  ㉡ 염소 압축기 : 진한 황산
  ㉢ 수소 압축기 : 양질의 광유
  ㉣ 공기 압축기 : 양질의 광유

| 정답 | 06. ① 07. ② 08. ① 09. ③ 10. ② 11. ①

12 공기비가 클 경우 나타나는 현상이 아닌 것은?

① 통풍력이 강하여 배기가스에 의한 열손실 증대
② 불완전연소에 의한 매연발생이 심함
③ 배기가스 중 O_2의 양이 증대되어 배출된다.
④ 연소가스 중 NO_2의 발생이 심하여 대기오염 유발

| 해설 | 연소 시 공기비가 작을 때 불완전연소로 매연 발생하는 현상이 발생된다.

13 고압가스 저장능력 산정기준에서 액화가스의 저장탱크 저장능력을 구하는 식은? (단, Q, W는 저장능력, P는 최고충전압력, V는 내용적, C는 가스종류에 따른 정수, d는 가스의 비중이다.)

① $Q = (10P + 1)V$
② $Q = 10PV$
③ $W = \dfrac{V}{C}$
④ $W = 0.9dV$

| 해설 | 저장탱크의 저장능력(kg) $W = 0.9dV$

14 배관 속을 흐르는 액체의 속도를 급격히 변화시키면 물이 관벽을 치는 현상이 일어나는데 이런 현상을 무엇이라 하는가?

① 캐비테이션 현상
② 워터햄머링 현상
③ 서징 현상
④ 맥동 현상

| 해설 | 워터햄머링(수격작용)은 배관 내 액체의 속도를 급격히 변화시킬 때 일어나는 현상

15 고압가스의 일반적 성질에 대한 설명으로 옳은 것은?

① 암모니아는 동을 부식하고 고온고압에서는 강재를 침식한다.
② 질소는 안정한 가스로서 불활성가스라고 하고 고온에서도 금속과 화합하지 않는다.
③ 산소는 액체공기를 분류하여 제조하는 반응성이 강한 가스로 자신은 잘 연소한다.
④ 염소는 반응성이 강한 가스로 강재에 대하여 상온에서도 건조한 상태로 현저히 부식성을 갖는다.

| 해설 | 암모니아가스는 구리, 아연, 은, 알루미늄, 코발트 등의 금속이온과 반응하여 착이온을 만든다.

16 수소 20v%, 메탄 50v%, 에탄 30v% 조성의 혼합가스가 공기와 혼합된 경우 폭발하한계의 값은? (단, 폭발하한계 값은 각각 수소는 4v%, 메탄은 5v%, 에탄은 3v% 이다.)

① 3 ② 4
③ 5 ④ 6

| 해설 | $\dfrac{100}{L} = \dfrac{20}{4} + \dfrac{50}{5} + \dfrac{30}{3} = 4\%$
∴ $L = 4\%$

17 적외선 흡광방식으로 차량에 탑재하여 메탄의 누출여부를 탐지하는 것은?

① FID(Flame Ionization Detector)
② OMD(Optical Methane Detector)
③ ECD(Electron Capture Detector)
④ TCD(Thermal Conductivity Detector)

| 해설 | OMD : 적외선 흡광방식으로 차량에 탑재하여 CH_4(메탄)의 누출여부 확인

| 정답 | 12. ② 13. ④ 14. ② 15. ① 16. ② 17. ②

18 충전용기를 차량에 적재하여 운반하는 도중에 주차하고자 할 때 주의사항으로 옳지 않은 것은?

① 충전용기를 싣거나 내릴 때를 제외하고는 제1종 보호시설의 부근 및 제2종 보호시설이 밀집된 지역을 피한다.
② 주차시에는 엔진을 정지시킨 후 주차제동장치를 걸어 놓는다.
③ 주차를 하고자 하는 주위의 교통상황 · 지형조건 · 화기 등을 고려하여 안전한 장소를 택하여 주차한다.
④ 주차시에는 긴급한 사태를 대비하여 바퀴 고정목을 사용하지 않는다.

| 해설 | 충전용기 차량 주차시에는 반드시 바퀴 고정목을 사용한다.

19 내용적 47L인 LP가스 용기의 최대 충전량은 몇 kg인가? (단, LP가스 정수는 2.35이다.)

① 20
② 42
③ 50
④ 110

| 해설 | $G = \dfrac{V}{C}$

∴ $\dfrac{47L}{2.35} = 20kg$

20 액화석유가스를 자동차에 충전하는 충전호스의 길이는 몇 m 이내이어야 하는가? (단, 자동차 제조공정 중에 설치된 것을 제외한다.)

① 3 ② 5
③ 8 ④ 10

| 해설 | 자동차 충전호스 길이 5m 이내로 설치한다.

21 유체 중에 인위적인 소용돌이를 일으켜 와류의 발생수, 즉 주파수가 유속에 비례한다는 사실을 응용하여 유량을 측정하는 유량계는?

① 볼텍스 유량계
② 전자 유량계
③ 초음파 유량계
④ 임펠러 유량계

| 해설 | • 와류식 유량계
　㉠ 델타 유량계
　㉡ 스와르메타 유량계
　㉢ 카르만 유량계
　㉣ 볼텍스 유량계

22 고압식 공기액화 분리장치의 복식정류탑 하부에서 분리되어 액체산소 저장탱크에 저장되는 액체 산소의 순도는 약 얼마인가?

① 99.6 ~ 99.8%
② 99.6 ~ 98%
③ 90 ~ 92%
④ 88 ~ 90%

| 해설 | 공기액화 분리장치 복정류탑에서 분리되는 산소의 순도는 99.6 ~ 99.8%이다.

| 정답 | 18. ④ 19. ① 20. ② 21. ① 22. ①

23 다음 [보기]의 성질을 갖는 기체는?

[보기]
① 2중 결합을 가지므로 각종 부가반응을 일으킨다.
② 무색, 독특한 감미로운 냄새를 지닌 기체이다.
③ 물에는 거의 용해되지 않으나 알코올, 에테르에는 잘 용해된다.
④ 아세트알데히드, 산화에틸렌, 에탄올, 산화에틸렌 등을 얻는다.

① 아세틸렌　② 프로판
③ 에틸렌　　④ 프로필렌

| 해설 | C_2H_4(에틸렌)은 2중 결합을 가지므로 각종 부가 반응을 일으킨다.
(폭발범위는 2.7~36%이다.)

24 포스겐의 취급 방법에 대한 설명 중 틀린 것은?

① 환기시설을 갖추어 작업한다.
② 취급 시에는 반드시 방독마스크를 착용한다.
③ 누출 시 용기가 부식되는 원인이 되므로 약간의 누출에도 주의한다.
④ 포스겐을 함유한 폐기액은 염화수소로 충분히 처리한 후 처분한다.

| 해설 | 포스겐은 수산화나트륨에 극히 신속하게 흡수되며 반응식은 다음과 같다.
$COCl_2 + 4NaOH \rightarrow Na_2CO_3 + 2NaCl + 2H_2O$
염화수소로 폐기액을 처리하지 않는다.

25 지상에 설치하는 액화석유가스 저장탱크의 외면에는 그 주위에서 보기 쉽도록 가스의 명칭을 표시해야 하는데 무슨 색으로 표시하여야 하는가?

① 은백색
② 황색
③ 흑색
④ 적색

| 해설 | 액화석유가스 저장탱크 외면 가스 명칭 색 : 적색

26 수소 가스의 위험도(H)는 약 얼마인가?

① 13.5
② 17.8
③ 19.5
④ 21.3

| 해설 | 수소 위험도 :
$\dfrac{75-4}{4} = 17.8$ (폭발범위 : 4~75%)

27 아르곤(Ar)가스 충전용기의 도색은 어떤 색상으로 하여야 하는가?

① 백색
② 녹색
③ 갈색
④ 회색

| 해설 | • 아르곤가스
용기도색은 기타 가스이므로 회색

| 정답 | 23. ③　24. ④　25. ④　26. ②　27. ④

28 일반 공업지역의 암모니아를 사용하는 A공장에서 저장능력 25톤의 저장탱크를 지상에 설치하고자 한다. 저장설비 외면으로부터 사업소 외의 주택까지 몇 m 이상의 안전거리를 유지하여야 하는가?

① 12m　② 14m
③ 16m　④ 18m

| 해설 | 암모니아는 독성이므로 2만 5천 킬로그램 저장량과 2종 보호시설인 주택과의 거리는 16m 이상 안전거리를 유지하여야 한다.

29 다음 가스폭발의 위험성 평가기법 중 정량적 평가방법은?

① HAZOP(위험성운전 분석기법)
② FTA(결함수 분석기법)
③ Check List법
④ WHAT-IF(사고예상질문 분석기법)

| 해설 | FTA : 사고를 일으키는 장치의 이상이나 운전자 실수의 조합을 연역적으로 분석하는 정량적 안전성 평가기법

30 도시가스 공급배관을 차량이 통행하는 폭 8m 이상인 도로에 매설할 때의 깊이는 몇 m 이상으로 하여야 하는가?

① 1.0　② 1.2
③ 1.5　④ 2.0

| 해설 | • 도시가스 공급배관 매설깊이
　㉠ 차량통행 폭 8m 이상 도로 : 지하매설배관 깊이 1.2m 이상(저압은 1m 이상)
　㉡ 공동주택 부지 내 : 0.6m 이상
　㉢ ㉠, ㉡ 외에는 1m 이상(저압은 0.8m 이상)

31 섭씨 −40℃는 화씨온도로 약 몇 °F인가?

① 32
② 45
③ 273
④ −40

| 해설 | °F = $\frac{9}{5}$ × ℃ + 32 = 1.8 × ℃ + 32
　　∴ 1.8×(−40) + 32 = −40°F

32 고압가스 제조장치의 취급에 대한 설명으로 틀린 것은?

① 안전밸브는 천천히 작동하게 한다.
② 압력계의 밸브는 천천히 연다.
③ 액화가스는 탱크에 처음 충전할 때 천천히 충전한다.
④ 제조장치의 압력을 상승시킬 때 천천히 상승시킨다.

| 해설 | 안전밸브는 설정압력 초과시 신속하게 작동하여 파열을 방지한다.

33 가연성가스의 제조설비 중 전기설비를 방폭성능을 가지는 구조로 갖추지 아니하여도 되는 가스는?

① 암모니아
② 염화메탄
③ 아크릴알데히드
④ 산화에틸렌

| 해설 | 암모니아 가스 및 브롬화메탄가스는 방폭성능으로 하지 않아도 된다.

| 정답 | 28. ③　29. ②　30. ②　31. ④　32. ①　33. ①

34 다음 중 압력단위가 아닌 것은?

① Pa ② atm
③ bar ④ N

|해설| 압력단위 atm, Pa, bar
1N = 1kg·m/s2(힘의 단위)

35 다음 압력에 대한 설명으로 옳은 것은?

① 공기가 누르는 대기 압력은 지역이나 기후 조건에 관계 없이 일정하다.
② 고압가스 용기 내벽에 가해지는 기체의 압력은 절대 압력을 나타낸다.
③ 지구 표면에서 거리가 멀어질수록 공기가 누르는 힘은 커진다.
④ 표준기압보다 낮은 압력을 진공 압력이라 하며 진공도로 표시할 수 있다.

36 다음 중 2중 배관으로 하지 않아도 되는 가스는?

① 일산화탄소
② 시안화수소
③ 염소
④ 포스겐

|해설| 2중 배관 가스 : 염소, 포스겐, 염화메탄, 산화에틸렌, 암모니아, 아황산가스, 시안화수소, 황화수소 등

37 저장탱크에 의한 LPG 사용시설에서 가스계량기의 설치기준에 대한 설명으로 틀린 것은?

① 가스계량기와 화기와의 우회거리 확인은 계량기의 외면과 화기를 취급하는 설비의 외면을 실측하여 확인한다.
② 가스계량기는 화기와 3m 이상의 우회거리를 유지하는 곳에 설치한다.
③ 가스계량기의 설치높이는 1.6m 이상, 2m 이내에 설치하여 고정한다.
④ 가스계량기와 굴뚝 및 전기점멸기와의 거리는 30cm 이상의 거리를 유지한다.

|해설| LP 가스시설에서 가스 계량기와 화기와의 이격거리는 2m 이상으로 한다.

38 액화산소 등과 같은 극저온 저장탱크의 액면측정에 주로 사용되는 액면계는?

① 햄프슨식 액면계
② 슬립 튜브식 액면계
③ 크링크식 액면계
④ 마그네틱 액면계

|해설| 햄프슨식 액면계 : 액화산소 등과 같은 극저온 저장탱크의 액면 측정

|정답| 34. ④ 35. ④ 36. ① 37. ② 38. ①

39 기화기에 대한 설명으로 틀린 것은?

① 기화기 사용 시 장점은 LP가스 종류에 관계없이 한냉 시에도 충분히 기화시킨다.
② 기화 장치의 구성요소 중에는 기화부, 제어부, 조압부 등이 있다.
③ 감압가열 방식은 열교환기에 의해 액상의 가스를 기화시킨 후 조정기로 감압시켜 공급하는 방식이다.
④ 기화기를 증발형식에 의해 분류하면 순간 증발식과 유입 증발식이 있다.

| 해설 | 감압가온 기화방식 : 액상의 LPG를 조정기나 감압밸브를 통해 감압시키고, 이것을 열교환기에 공급해서 대기나 온수로 가열 기화하는 방식

40 액비중에 대한 설명으로 옳은 것은?

① 4℃ 물의 밀도와의 비를 말한다.
② 0℃ 물의 밀도와의 비를 말한다.
③ 절대영도에서 물의 밀도와의 비를 말한다.
④ 어떤 물질이 끓기 시작한 온도에서의 질량을 말한다.

| 해설 | 액비중 측정은 4℃ 물의 밀도와의 비(비중은 단위가 없다.)

41 도시가스에서 사용하는 부취제의 종류가 아닌 것은?

① THT ② TBM
③ MMA ④ DMS

| 해설 | • 부취제의 종류
 ㉠ THT
 ㉡ TBM
 ㉢ DMS

42 염소의 일반적인 성질에 대한 설명으로 틀린 것은?

① 암모니아와 반응하여 염화암모늄을 생성한다.
② 무색의 자극적인 냄새를 가진 독성, 가연성가스이다.
③ 수분과 작용하면 염산을 생성하여 철강을 심하게 부식시킨다.
④ 수돗물의 살균 소독제, 표백분 제조에 이용된다.

| 해설 | 염소는 황록색의 자극취를 가진 독성이면서 지연성 가스이다.

43 고압가스 설비의 내압 및 기밀시험에 대한 설명으로 옳은 것은?

① 내압시험은 상용압력의 1.1배 이상의 압력으로 실시한다.
② 기체로 내압시험을 할 경우에는 기밀시험을 생략할 수 있다.
③ 내압시험을 할 경우에는 기밀시험을 생략할 수 있다.
④ 기밀시험은 상용압력 이상으로 하되 0.7MPa을 초과하는 경우 0.7MPa 이상으로 한다.

| 해설 | 고압가스 설비의 내압시험 압력은 상용압력의 1.5배로 한다.
또한 기밀시험은 상용압력 이상으로 한다.

| 정답 | 39. ③ 40. ① 41. ③ 42. ② 43. ④

44 로터리 압축기에 대한 설명으로 틀린 것은?

① 왕복식 압축기에 비해 부품수가 적고 구조가 간단하다.
② 압축이 단속적이므로 저진공에 적합하다.
③ 오일 윤활방식으로 소용량이다.
④ 구조상 흡입기체에 오일이 혼입되기 쉽다.

| 해설 | 회전식 압축기는 로터를 사용하므로 압축이 연속적으로 이뤄져서 고진공에 적합하다.

45 암모니아를 사용하는 냉동장치의 시운전에 사용할 수 없는 가스는?

① 질소   ② 산소
③ 아르곤 ④ 이산화탄소

| 해설 | 암모니아는 가연성 가스이므로 조연성 가스인 산소로 시운전을 하는 것은 절대 금지한다.

46 다음 중 1차 압력계는?

① 부르동관 압력계
② 전기 저항식 압력계
③ U자관형 마노미터
④ 벨로우즈 압력계

| 해설 | 1차 압력계 : 마노미터, 자유피스톤식 압력계

47 액체 산소의 색깔은?

① 담황색   ② 담적색
③ 회백색   ④ 담청색

| 해설 | 액체 산소는 담청색을 띤다.

48 기준물질의 밀도에 대한 측정물질의 밀도의 비를 무엇이라고 하는가?

① 비중량   ② 비용
③ 비중   ④ 비체적

| 해설 | ① $\dfrac{측정물질의\ 밀도}{기준물질의\ 밀도}$ = 비중
② 비중측정에서 가스는 공기를 기준으로 하고, 고체, 액체는 물을 기준으로 한다.

49 다음 중 독성가스가 아닌 것은?

① 아크릴로니트릴   ② 벤젠
③ 암모니아   ④ 펜탄

| 해설 | 펜탄(C_5H_{12}) : 석유류 제품

50 일산화탄소와 공기의 혼합가스 폭발범위는 고압일수록 어떻게 변하는가?

① 넓어진다.
② 변하지 않는다.
③ 좁아진다.
④ 일정치 않다.

| 해설 | CO가스는 고압일수록 폭발범위가 좁아진다. 다른 가연성 가스와는 반대현상이다.

51 다음 중 공기 중에서 가장 무거운 가스는?

① C_4H_{10} ② SO_2
③ C_2H_4O ④ $COCl_2$

| 해설 | • 부탄(C_4H_{10}) 분자량 : 58(비중 2)
• 아황산(SO_2) 분자량 : 64(비중 2.21)
• 산화에틸렌(C_2H_4O) 분자량 : 44(비중 1.52)
• 포스겐($COCl_2$) 분자량 : 98(비중 3.38)

| 정답 | 44. ② 45. ② 46. ③ 47. ④ 48. ③ 49. ④ 50. ③ 51. ④

52 차량에 고정된 탱크로서 고압가스를 운반할 때 그 내용적의 기준으로 틀린 것은?

① 수소 : 18000L
② 액화 암모니아 : 12000L
③ 산소 : 18000L
④ 액화 염소 : 12000L

| 해설 | 가스운반 시 차량에 고정된 탱크의 내용적 기준은 가연성(LPG제외) 및 산소는 18,000L이고 독성(암모니아 제외)은 12,000L 초과를 금지한다.

53 도시가스의 주원료인 메탄(CH_4)의 비점은 약 얼마인가?

① $-50℃$
② $-82℃$
③ $-120℃$
④ $-162℃$

| 해설 | CH_4 비점 : $-162℃$

54 고압가스의 분출에 대하여 정전기가 가장 발생되기 쉬운 경우는?

① 가스가 충분히 건조되어 있을 경우
② 가스 속에 고체의 미립자가 있을 경우
③ 가스분자량이 작은 경우
④ 가스비중이 큰 경우

| 해설 | 고압가스 분출시 정전기가 발생하기 쉬운 경우는 가스 속에 고체의 미립자가 있을 경우이다.

55 다음 중 저온 단열법이 아닌 것은?

① 분말섬유 단열법
② 고진공 단열법
③ 다층진공 단열법
④ 분말진공 단열법

| 해설 | 저온단열법 : 고진공 단열법, 다층진공 단열법, 분말진공 단열법

56 터보식 펌프로서 비교적 저양정에 적합하며, 효율 변화가 비교적 급한 펌프는?

① 원심 펌프
② 축류 펌프
③ 왕복 펌프
④ 베인 펌프

| 해설 | 터보형 펌프 : 원심식, 사류식, 축류식이 있다. 축류펌프는 임펠러에서 토출되는 유량이 축방향으로 나오는 것으로 저양정에 적합하며 비속도 1200~2000 범위이다.

57 방 안에서 가스난로를 사용하다가 사망한 사고가 발생하였다. 다음 중 이 사고의 주된 원인은?

① 온도상승에 의한 질식
② 산소부족에 의한 질식
③ 탄산가스에 의한 질식
④ 질소와 탄산가스에 의한 질식

| 해설 | 방 안에서 가스난로 사용시에는 반드시 환기시켜 산소부족을 방지한다.

| 정답 | 52. ② 53. ④ 54. ② 55. ① 56. ② 57. ②

58 저장탱크에 설치한 안전밸브에는 지면에서 몇 m 이상의 높이에 방출구가 있는 가스 방출관을 설치하여야 하는가?

① 2
② 3
③ 5
④ 10

| 해설 | 안전밸브 방출구는 지면에서 5m 이상 높이에 설치한다.

59 다음 중 수분이 존재하였을 때 일반강재를 부식시키는 가스는?

① 일산화탄소
② 수소
③ 황화수소
④ 질소

| 해설 | 황화수소(H_2S)가스는 수분이 존재하면 일반강재를 부식시킨다.

60 수소와 산소 또는 공기와의 혼합기체에 점화하면 급격히 화합하여 폭발하므로 위험하다. 이 혼합기체를 무엇이라고 하는가?

① 염소 폭명기
② 수소 폭명기
③ 산소 폭명기
④ 공기 폭명기

| 해설 | • 수소와 산소의 폭발적 반응, 수소 폭명기
$$2H_2 + O_2 \rightarrow 2H_2O$$

| 정답 | 58. ③ 59. ③ 60. ②

FINAL CHECK

가스기능사 모의고사 9회

01 다음 중 가연성이며 독성인 가스는?

① 아세틸렌, 프로판
② 수소, 이산화탄소
③ 암모니아, 산화에틸렌
④ 아황산가스, 포스겐

| 해설 | ① 암모니아 – 연소범위 : 15% ~ 28%
　　　　　　　　– 독성농도 : 25ppm
　　　② 산화에틸렌 – 연소범위 : 3% ~ 80%
　　　　　　　　– 독성농도 : 50ppm

02 고압가스 특정제조시설에서 안전구역을 설정하기 위한 연소열량의 계산공식을 옳게 나타낸 것은? (단, Q는 연소열량, W는 저장설비 또는 처리설비에 따라 정한 수치, K는 가스의 종류 및 상용온도에 따라 정한 수치이다.)

① $Q = K + W$　　② $Q = \dfrac{W}{K}$

③ $Q = \dfrac{K}{W}$　　④ $Q = K \times W$

| 해설 | • 안전구역 연소열량 계산공식
　　　　연소열량(Q) = K × W

03 다음 중 같은 용기보관실에 저장이 가능한 가스는?

① 산소, 수소
② 염소, 질소
③ 아세틸렌, 염소
④ 암모니아, 산소

| 해설 | ① 염소 : 조연성
　　　② 질소 : 불연성

04 0℃, 1atm에서 5L인 기체가 273℃, 1atm에서 차지하는 부피는 약 몇 L인가? (단, 이상기체로 가정한다.)

① 2　　　　　② 5
③ 8　　　　　④ 10

| 해설 | $V_2 = V_1 \times \dfrac{T_2}{T_1} = 5 \times \dfrac{273 + 273}{273} = 10L$

05 질소의 용도가 아닌 것은?

① 비료에 이용
② 질산제조에 이용
③ 연료용에 이용
④ 냉매로 이용

| 해설 | 질소는 불연성으로 연료용으로 사용될 수 없다.

| 정답 |　01. ③　02. ④　03. ②　04. ④　05. ③

06 산소 농도의 증가에 대한 설명으로 틀린 것은?

① 연소속도가 빨라진다.
② 발화온도가 올라간다.
③ 화염온도가 올라간다.
④ 폭발력이 세어진다.

| 해설 | 산소농도 증가로 발화온도는 낮아진다.

07 8kg의 물을 18℃에서 98℃까지 상승시키는데 표준상태에서 0.034m³의 LP 가스를 연소시켰다. 프로판의 발열량이 24000kcal/m³이라면 이때의 열효율은 약 몇 %인가?

① 48.6
② 59.3
③ 66.6
④ 78.4

| 해설 | $\dfrac{8 \times 1 \times (98 - 18)}{0.034 \times 24000} \times 100 = 78.43\%$

08 독성가스의 충전용기를 차량에 적재하여 운반 시 그 차량의 앞뒤 보기 쉬운 곳에 반드시 표시해야 할 사항이 아닌 것은?

① 위험 고압가스
② 독성가스
③ 위험을 알리는 도형
④ 제조회사

| 해설 | 운반차량에 제조사 명칭은 표기하지 않는다.

09 긴급용 벤트스택 방출구의 위치는 작업원이 정상작업을 하는데 필요한 장소 및 작업원이 항시 통행하는 장소로부터 몇 m 이상 떨어진 곳에 설치하여야 하는가?

① 5
② 7
③ 10
④ 15

| 해설 | 벤트스택 방출구의 위치는 작업원이 통행하는 장소로부터 10m 이상 떨어진 곳에 설치한다.

10 도시가스 사용시설 중 호스의 길이는 연소기까지 몇 m 이내로 하여야 하는가?

① 1
② 2
③ 3
④ 4

| 해설 | 가스 사용시설 호스길이 → 연소기까지는 3m 이내

11 액화석유가스 저장시설의 액면계 설치기준으로 틀린 것은?

① 액면계는 평형반사식 유리액면계 및 평형 투시식 유리 액면계를 사용할 수 있다.
② 유리액면계에 사용되는 유리는 KSB 6208 (보일러용 수면계유리) 중 기호 B 또는 P의 것 또는 이와 동등 이상이어야 한다.
③ 유리를 사용한 액면계에는 액면의 확인을 명확하게 하기 위하여 덮개 등을 하지 않는다.
④ 액면계 상하에는 수동식 및 자동식 스톱 밸브를 각각 설치한다.

| 해설 | 유리액면계는 액면확인에 필요한 최소 면적 이외의 부분은 금속제 등의 덮개로 보호하여 그 파손을 방지한다.

| 정답 | 06. ② 07. ④ 08. ④ 09. ③ 10. ③ 11. ③

12 독성가스 용기 운반차량의 경계표지를 정사각형으로 할 경우 그 면적의 기준은?

① 500cm² 이상
② 600cm² 이상
③ 700cm² 이상
④ 800cm² 이상

| 해설 | 가스운반차량 경계표지 정사각형 면적은 600cm² 이상이어야 한다.

13 프로판의 표준상태에서의 이론적인 밀도는 몇 kg/m³인가?

① 1.52
② 1.96
③ 2.96
④ 3.52

| 해설 | C_3H_8 22.4m³ = 44kg

$$\therefore \frac{44}{22.4} = 1.96 kg/m^3$$

14 요오드화칼륨지(KI전분지)를 이용하여 어떤 가스의 누출여부를 검지한 결과 시험지가 청색으로 변하였다. 이때 누출된 가스의 명칭은?

① 시안화수소
② 아황산가스
③ 황화수소
④ 염소

| 해설 | 염소가스의 가스 시험지는 KI전분지

15 "기체의 온도를 일정하게 유지할 때 기체가 차지하는 부피는 절대 압력에 반비례한다."라는 법칙은?

① 보일의 법칙
② 샤를의 법칙
③ 헨리의 법칙
④ 아보가드로의 법칙

| 해설 | 기체의 부피는 압력에 반비례(온도일정) : 보일의 법칙

16 언로딩형과 로딩형이 있으며 대용량이 요구되고 유량제어 범위가 넓은 경우에 적합한 정압기는?

① 피셔식 정압기
② 레이놀드식 정압기
③ 파일럿식 정압기
④ 엑셜플로식 정압기

| 해설 | 파일럿식 정압기 : 언로딩형과 로딩형이 있다.

17 염화메탄의 특징에 대한 설명으로 틀린 것은?

① 무취이다.
② 공기보다 무겁다.
③ 수분존재시 금속과 반응한다.
④ 유독한 가스이다.

| 해설 | • 염화메틸(CH_3Cl)
  ㉠ 에테르 냄새가 나는 독성가스
  ㉡ 연소범위는 8.32% ~ 18.7%

| 정답 | 12. ② 13. ② 14. ④ 15. ① 16. ③ 17. ①

18 가스의 경우 폭굉(Detonation)의 연소속도는 몇 m/s 정도인가?

① 0.03 ~ 10
② 10 ~ 50
③ 100 ~ 600
④ 1000 ~ 3500

| 해설 | 폭굉 화염 전파속도는 1000 ~ 3500m/s

19 저장능력 10톤 이상의 저장탱크에는 폭발방지장치를 설치한다. 이때 사용되는 폭발방지제의 재질로서 가장 적당한 것은?

① 탄소강
② 구리
③ 스테인리스
④ 알루미늄

| 해설 | 저장탱크 폭발방지제 재질 : 알루미늄

20 다음 온도의 환산식 중 틀린 것은?

① °F = 1.8℃ + 32
② ℃ = $\frac{5}{9}$(°F − 32)
③ °R = 460 + °F
④ °R = $\frac{5}{9}$K

| 해설 | °R = 1.8K

21 특정고압가스 사용시설 중 고압가스의 저장량이 몇 kg 이상인 용기 보관실의 벽을 방호벽으로 설치하여야 하는가?

① 100
② 200
③ 300
④ 500

| 해설 | 고압가스 저장량 300kg 이상 용기보관실 벽은 방호벽이 필요하다.(압축가스의 경우에는 1m³를 5kg으로 본다.)

22 LPG(액화석유가스)의 일반적인 특징에 대한 설명으로 틀린 것은?

① 저장탱크 또는 용기를 통해 공급된다.
② 발열량이 크고 열효율이 높다.
③ 가스는 공기보다 무거우나 액체는 물보다 가볍다.
④ 물에 녹지 않으며, 연소시 메탄에 비해 공기량이 적게 소요된다.

| 해설 | ① LPG
㉠ 프로판(C_3H_8)의 액비중 0.509
㉡ 부탄(C_4H_{10})의 액비중 0.582
② 공기량
$C_3H_8 + 5O_2 \rightarrow 3CO_2 + 4H_2O$
$C_4H_{10} + 6.5O_2 \rightarrow 4CO_2 + 5H_2O$
$CH_4 + 2O_2 \rightarrow CO_2 + 2H_2O$

23 아세틸렌 충전시 첨가하는 다공물질의 구비 조건이 아닌 것은?

① 화학적으로 안정할 것
② 기계적인 강도가 클 것
③ 가스의 충전이 쉬울 것
④ 다공도가 적을 것

| 해설 | 다공물질은 다공도가 클 것

| 정답 | 18. ④ 19. ④ 20. ④ 21. ③ 22. ④ 23. ④

24 독성가스를 냉매로 사용하는 것은 내용적이 몇 L 이상인 수액기 주위에 액상의 가스가 누출될 경우에 대비하여 방류둑을 설치하여야 하는가?

① 1000
② 2000
③ 5000
④ 10,000

| 해설 | 독성가스 냉매의 수액기 용량이 10,000L 이상 이면 방류둑을 설치한다.

25 도시가스의 총발열량이 10,400kcal/m³, 공기에 대한 비중이 0.55일 때 웨베지수는 얼마인가?

① 11023　② 12023
③ 13023　④ 14023

| 해설 | $WI = \dfrac{Hg}{\sqrt{d}} = \dfrac{10400}{\sqrt{0.55}} = 14023$

26 가연성가스 제조시설의 고압가스 설비는 그 외면으로부터 산소 제조시설의 고압가스 설비와 몇 m 이상의 거리를 유지하여야 하는가?

① 5　② 8
③ 10　④ 15

| 해설 | 가연성가스 고압가스 설비는 그 외면으로부터 산소 제조시설의 고압가스 설비와 10m 이상 이격거리 유지

27 가스보일러의 공통 설치기준에 대한 설명으로 틀린 것은?

① 가스보일러는 전용보일러실에 설치한다.
② 가스보일러는 지하실 또는 반 지하실에 설치하지 아니한다.
③ 전용보일러실에는 반드시 환기팬을 설치한다.
④ 전용보일러실에는 사람이 거주하는 곳과 통기될 수 있는 가스렌지 배기덕트를 설치하지 아니한다.

| 해설 | 전용보일러실에 환기팬을 설치하면 부압이 발생할 수 있으므로 설치하지 않는다.

28 메탄의 성질에 대한 설명으로 틀린 것은?

① 무색, 무취의 기체이다.
② 파란색 불꽃을 내며 탄다.
③ 공기 및 산소와의 혼합물에 불을 붙이면 폭발한다.
④ 불안정하여 격렬히 반응한다.

| 해설 | 메탄은 포화탄화수소로 안정된 구조이다.

29 도시가스 매설 배관의 보호판은 누출가스가 지면으로 확산되도록 구멍을 뚫는데 그 간격의 기준으로 옳은 것은?

① 1m 이하 간격　② 2m 이하 간격
③ 3m 이하 간격　④ 5m 이하 간격

| 해설 | 도시가스 매설 배관의 경우 보호판은 누설가스가 지면으로 확산되도록 구멍을 뚫는데 그 간격 기준은 3m 이하

| 정답 | 24. ④　25. ④　26. ③　27. ③　28. ④　29. ③

30 1Pa는 몇 N/m²인가?

① 1　　　② 10^2
③ 10^3　　④ 10^4

| 해설 | $1Pa = 1N/m^2$

31 가스의 비열비의 값은?

① 언제나 1보다 작다.
② 언제나 1보다 크다.
③ 1보다 크기도 하고 작기도 하다.
④ 0.5와 1 사이의 값이다.

| 해설 | 비열비(k) = $\frac{정압비열}{정적비열}$ (항상 1보다 크다.)

32 다음 [보기]의 특징을 가지는 펌프는?

[보기]
- 고압, 소유량에 적당하다.
- 토출량이 일정하다.
- 송수량의 가감이 가능하다.
- 맥동이 일어나기 쉽다.

① 원심 펌프　　② 왕복 펌프
③ 축류 펌프　　④ 사류 펌프

| 해설 | • **왕복 펌프**
　㉠ 유량이 적고 고압에 적당하다.
　㉡ 운전이 단속적으로 맥동 현상이 있다.
　㉢ 토출량이 일정하며 유량조정이 용이하다.

33 도시가스사용시설의 노출배관에 의무적으로 표시하여야 하는 사항이 아닌 것은?

① 최고사용압력
② 가스흐름방향
③ 사용 가스명
④ 공급자명

| 해설 | 도시가스 노출배관 표시사항 : 최고사용압력, 가스흐름방향, 사용 가스명

34 차량에 고정된 탱크 중 독성가스는 내용적을 얼마 이하로 하여야 하는가?

① 12,000L　　② 15,000L
③ 16,000L　　④ 18,000L

| 해설 | 자동차 고정탱크 독성가스 내용적 : 12,000L 이하

35 다음 중 보관 시 유리를 사용할 수 없는 것은?

① HF　　　② C_6H_6
③ $NaHCO_3$　　④ KBr

| 해설 | 불화수소(HF)는 유리를 녹인다.

36 다음 중 제독제로서 다량의 물을 사용하는 가스는?

① 일산화탄소　　② 이황화탄소
③ 황화수소　　　④ 암모니아

| 해설 | 독성가스 제독제에서 암모니아는 다량의 물을 사용한다.
이 외에도 아황산가스, 산화에틸렌, 염화메탄 등의 가스도 다량의 물이 사용된다.

| 정답 | 30. ①　31. ②　32. ②　33. ④　34. ①　35. ①　36. ④

37 고압가스 배관에서 상용압력이 0.2MPa 이상 1MPa 미만인 경우 공지의 폭은 얼마로 정해져 있는가? (단, 전용 공업지역 이외의 경우이다.)

① 3m 이상   ② 5m 이상
③ 9m 이상   ④ 15m 이상

| 해설 | 상용압력 0.2MPa 이상 1MPa 미만시 공지폭은 9m

38 액화질소 35톤을 저장하려고 할 때 사업소 밖의 제1종 보호시설과 유지하여야 하는 안전거리는 최소 몇 m인가?

① 8   ② 9
③ 11   ④ 13

| 해설 | 35톤 액화질소 – 35000kg이므로 처리능력 3만 초과 ~ 4만 이하에서
    ㉠ 제1종 보호시설 안전거리 : 13m
    ㉡ 제2종 보호시설 안전거리 : 9m

39 고압가스 인허가 및 검사의 기준이 되는 "처리능력"을 산정함에 있어 기준이 되는 온도 및 압력은?

① 온도 : 섭씨 15도, 게이지압력 : 0파스칼
② 온도 : 섭씨 15도, 게이지압력 : 1파스칼
③ 온도 : 섭씨 0도, 게이지압력 : 0파스칼
④ 온도 : 섭씨 0도, 게이지압력 : 1파스칼

| 해설 | 고압가스 기준온도 기준압력 : 0℃, 게이지 압력 0Pa

40 염소(Cl_2)가스의 위험성에 대한 설명으로 틀린 것은?

① 독성가스이다.
② 무색이고 자극적인 냄새가 난다.
③ 수분 존재시 금속에 강한 부식성을 갖는다.
④ 유기화합물과 반응하여 폭발적인 화합물을 형성한다.

| 해설 | • 염소(Cl_2)가스 특성
    ① 상온에서 강한 자극성 냄새가 나는 황록색 기체
    ② 맹독성 기체(1[ppm])
    ③ 조연성 가스
    ④ 수분을 함유하면 철 등의 금속과 반응, 부식을 발생(온도 120℃ 이상)
    ⑤ 수소와 혼합하여 염소폭명기가 되어 격렬한 폭발을 일으킨다.
    $H_2 + Cl_2 \rightarrow 2HCl$

41 다음 [보기]에서 설명하는 가스는?

[보기]
• 독성이 강하다.
• 연소시키면 잘 탄다.
• 물에 매우 잘 녹는다.
• 각종 금속에 작용한다.
• 가압 · 냉각에 의해 액화가 쉽다.

① HCl   ② NH_3
③ CO   ④ C_2H_2

| 해설 | NH_3 : 독성 25ppm 가연성 15 ~ 28% 물에 800배 녹는다. 액화가 용이하고 금속과 반응하여 착염을 형성한다.

| 정답 | 37. ③ 38. ④ 39. ③ 40. ② 41. ②

42 다음 중 SI 기본단위가 아닌 것은?

① 질량 : 킬로그램(kg)
② 주파수 : 헤르츠(Hz)
③ 온도 : 켈빈(K)
④ 물질량 : 몰(mol)

| 해설 | SI 기본단위 : 물질량, 온도, 질량, 시간, 길이, 광도, 전류

43 공기 중에 10vol% 존재 시 폭발의 위험성이 없는 가스는?

① CH_3Br ② C_2H_6
③ C_2H_4O ④ H_2S

| 해설 | • 브롬화메탄(CH_3Br)가스의 폭발범위
　㉠ 폭발범위 : 13.5 ~ 14.5%
　㉡ 독성허용농도 : 20PPm

44 다음 중 연소기구에서 발생할 수 있는 역화(back fire)의 원인이 아닌 것은?

① 염공이 적게 되었을 때
② 가스의 압력이 너무 낮을 때
③ 콕이 충분히 열리지 않았을 때
④ 버너 위에 큰 용기를 올려서 장시간 사용할 경우

| 해설 | • 연소기구 역화 원인
　㉠ 부식에 의해 염공이 크게 되었을 때
　㉡ 노즐의 구경이 너무 큰 경우
　㉢ 가스의 압력이 너무 낮을 때

45 고압가스판매 허가를 득하여 사업을 하려는 경우 각각의 용기 보관실 면적은 몇 m² 이상이어야 하는가?

① 7 ② 10
③ 12 ④ 15

| 해설 | 고압가스판매 용기 보관실 면적은 10m² 이상

46 액화석유가스 사용시설에서 저장능력이 2톤인 경우 저장설비가 화기 취급장소와 유지하여야 하는 우회거리는 얼마 이상이어야 하는가?

① 2m ② 3m
③ 5m ④ 8m

| 해설 | LPG 2톤 저장설비와 화기이격거리 5m 이상

47 고압가스 용기 보관의 기준에 대한 설명으로 틀린 것은?

① 용기 보관장소 주위 2m 이내에는 화기를 두지 말 것
② 가연성가스 · 독성가스 및 산소의 용기는 각각 구분하여 용기 보관장소에 놓을 것
③ 가연성가스를 저장하는 곳에는 방폭형 휴대용 손전등 외의 등화를 휴대하지 말 것
④ 충전용기와 잔가스 용기는 서로 단단히 결속하여 넘어지지 않도록 할 것

| 해설 | 충전용기와 잔가스 용기는 분리하여 저장하여야 한다.

| 정답 | 42. ② 43. ① 44. ① 45. ② 46. ③ 47. ④

48 LP가스 저장탱크를 수리할 때 작업원이 저장탱크 속으로 들어가서는 아니되는 탱크 내의 산소농도는?

① 16% ② 19%
③ 20% ④ 21%

| 해설 | LP가스 저장탱크 내부 수리 시 산소농도가 18~22% 범위일 때 작업원이 작업할 수 있다. 16% 이하일 때는 질식사고 위험이 높다.

49 수소폭명기는 수소와 산소의 혼합비가 얼마일 때를 말하는가? (단, 수소 : 산소의 비이다.)

① 1 : 2 ② 2 : 1
③ 1 : 3 ④ 3 : 1

| 해설 | ㉠ 수소폭명기 : $2H_2 + O_2 \rightarrow 2H_2O + 136.6kcal$
㉡ 염소폭명기 : $Cl_2 + H_2 \rightarrow 2HCl + 44kcal$

50 냄새가 나는 물질(부취제)의 구비조건이 아닌 것은?

① 독성이 없을 것
② 저농도에서 냄새를 알 수 있을 것
③ 완전연소하고 연소 후에는 유해물질을 남기지 말 것
④ 일상생활의 냄새와 구분되지 않을 것

| 해설 | 부취제는 일상생활의 냄새와 확실하게 구분이 되어야 된다.

51 고압가스를 차량으로 운반할 때 몇 km 이상의 거리를 운행하는 경우에 중간에 휴식을 취한 후 운행하도록 되어 있는가?

① 100
② 200
③ 300
④ 400

| 해설 | 고압가스 차량운반시 200km에서 휴식을 취하고 운행한다.

52 "가연성 가스"라 함은 폭발한계의 상한과 하한의 차가 몇 % 이상인 것을 말하는가?

① 5   ② 10
③ 15 ④ 20

| 해설 | • 가연성 가스
㉠ 폭발범위 하한계 10% 이하
㉡ 상한계 − 하한계 = 20% 이상

53 다음 중 불연성 가스는?

① 수소
② 헬륨
③ 아세틸렌
④ 히드라진

| 해설 | • 헬륨(희가스)
㉠ 분자량 4
㉡ 비점 −268.9℃
㉢ 발광색(황백색)
㉣ 불연성 가스

| 정답 | 48. ① 49. ② 50. ④ 51. ② 52. ④ 53. ②

54 C₂H₂ 제조설비에서 제조된 C₂H₂를 충전용기에 충전시 위험한 경우는?

① 아세틸렌이 접촉되는 설비부분에 동함량 72%의 동합금을 사용하였다.
② 충전 중의 압력을 2.5MPa 이하로 하였다.
③ 충전 후에 압력이 15℃에서 1.5MPa 이하로 될 때까지 정치하였다.
④ 충전용 지관은 탄소함유량 0.1% 이하의 강을 사용하였다.

| 해설 | 아세틸렌 설비에는 동 함유량이 62% 이하일 것

55 고압가스용기의 안전점검기준에 해당되지 않는 것은?

① 용기의 부식, 도색 및 표시 확인
② 용기의 캡이 씌워져 있거나 프로텍터의 부착 여부 확인
③ 재검사 기간의 도래 여부를 확인
④ 용기의 누출을 성냥불로 확인

| 해설 | 가스누출 시험시 불을 사용하는 누출시험은 매우 위험하다.

56 수소의 성질에 대한 설명 중 틀린 것은?

① 무색, 무미, 무취의 가연성 기체이다.
② 가스 중 최소의 밀도를 가진다.
③ 열전도율이 작다.
④ 높은 온도일 때에는 강재, 기타 금속재료라도 쉽게 투과한다.

| 해설 | 수소(H₂)가스는 열전도율이 대단히 크고 열에 대해 안정하다.

57 다음 중 특정고압가스에 해당되지 않는 것은?

① 이산화탄소   ② 수소
③ 산소   ④ 천연가스

| 해설 | 이산화탄소는 비독성, 불연성 가스이므로 특정고압가스에 해당되지 않는다.

58 LP가스 저온 저장탱크에 반드시 설치하지 않아도 되는 장치는?

① 압력계   ② 진공안전밸브
③ 감압밸브   ④ 압력경보설비

| 해설 | LPG 저장탱크에 감압밸브는 설치하지 않아도 된다.

59 단위 넓이에 수직으로 작용하는 힘을 무엇이라고 하는가?

① 압력   ② 비중
③ 일률   ④ 에너지

| 해설 |

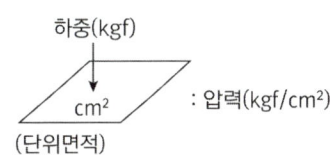

60 가스액화분리장치의 축냉기에 사용되는 축냉체는?

① 규조토   ② 자갈
③ 암모니아   ④ 희가스

| 해설 | 가스액화분리장치 축냉기의 축냉체 : 자갈

| 정답 | 54. ① 55. ④ 56. ③ 57. ① 58. ③ 59. ① 60. ②

FINAL CHECK

가스기능사 모의고사 10회

01 고압가스안전관리법의 적용을 받는 가스는?

① 철도차량의 에어컨디셔너 안의 고압가스
② 냉동능력 3톤 미만인 냉동설비 안의 고압가스
③ 용접용 아세틸렌가스
④ 액화브롬화메탄 제조설비 내에 있는 액화브롬화메탄

| 해설 | 용접용 아세틸렌가스는 고법의 적용을 받는다.

02 다음 중 폭발한계의 범위가 가장 좁은 것은?

① 프로판   ② 암모니아
③ 수소   ④ 아세틸렌

| 해설 | ① 프로판 : 2.1 ~ 9.5%
② 암모니아 : 15 ~ 28%
③ 수소 : 4 ~ 75%
④ 아세틸렌 : 2.5 ~ 81%

03 사업소 내에서 긴급사태 발생시 필요한 연락을 하기 위해 안전관리자가 상주하는 사업소와 현장사업소 간에 설치하는 통신설비가 아닌 것은?

① 구내전화   ② 인터폰
③ 페이징설비 ④ 메가폰

| 해설 | 메가폰 : 사업소 내 전체의 통신범위로 면적이 1500m^2 이하에 사용된다.

04 의료용 가스용기의 도색구분 표시로 틀린 것은?

① 산소 – 백색
② 질소 – 청색
③ 헬륨 – 갈색
④ 에틸렌 – 자색

| 해설 | 의료용 질소가스 용기도색 : 흑색

05 압력계의 측정 방법에는 탄성을 이용하는 것과 전기적 변화를 이용하는 방법 등이 있다. 다음 중 전기적 변화를 이용하는 압력계는?

① 부르동관 압력계
② 벨로우즈 압력계
③ 스트레인 게이지
④ 다이어프램 압력계

| 해설 | 스트레인 게이지는 전기적 변화를 이용하는 압력계이다(전기저항변화 이용).

| 정답 | 01. ③ 02. ① 03. ④ 04. ② 05. ③

06 다음 중 고압가스 운반기준 위반 사항은?

① LPG와 산소를 동일차량에 그 충전용기의 밸브가 서로 마주보지 않도록 적재하였다.
② 운반 중 충전용기를 40℃ 이하로 유지하였다.
③ 비독성 압축가연성가스 500m³를 운반시 운반책임자를 동승시키지 않고 운반하였다.
④ 200km 이상의 거리를 운행하는 경우는 중간에 충분한 휴식을 취하였다.

| 해설 | 비독성 압축 가연성가스는 300m³ 이상 운반시 운반 책임자가 동승하여야 한다.

07 염소의 특징에 대한 설명 중 틀린 것은?

① 염소 자체는 폭발성, 인화성은 없다.
② 상온에서 자극성의 냄새가 있는 맹독성 기체이다.
③ 염소와 산소의 1 : 1 혼합물을 염소폭명기라고 한다.
④ 수분이 있으면 염산이 생성되어 부식성이 강해진다.

| 해설 | 염소폭명기는 염소와 수소의 반응이다.

08 냉동설비 중 흡수식 냉동설비의 냉동능력 정의로 옳은 것은?

① 발생기를 가열하는 24시간의 입열량 6천 640kcal를 1일의 냉동능력 1톤으로 봄
② 발생기를 가열하는 1시간의 입열량 3천 320kcal를 1일의 냉동능력 1톤으로 봄
③ 발생기를 가열하는 1시간의 입열량 6천 640kcal를 1일의 냉동능력 1톤으로 봄
④ 발생기를 가열하는 24시간의 입열량 3천 320kcal를 1일의 냉동능력 1톤으로 봄

| 해설 | 흡수식 냉동기 1RT : 6640kcal/hr

09 부탄(C_4H_{10})의 위험도는 약 얼마인가? (단, 폭발범위는 1.9 ~ 8.5%이다.)

① 1.23   ② 2.27
③ 3.47   ④ 4.58

| 해설 | $H = \dfrac{u-L}{L} = \dfrac{8.5-1.9}{1.9} = 3.47$

10 용기 보관장소의 충전용기 보관기준으로 틀린 것은?

① 충전용기와 잔가스 용기는 서로 넘어지지 않게 단단히 결속하여 놓는다.
② 가연성·독성 및 산소용기는 각각 구분하여 용기보관 장소에 놓는다.
③ 용기는 항상 40℃ 이하의 온도를 유지하고, 직사광선을 받지 않게 한다.
④ 작업에 필요한 물건(계량기 등) 이외에는 두지 않는다.

| 해설 | 충전용기와 잔가스 용기는 별도로 설치한다.

| 정답 | 06. ③ 07. ③ 08. ③ 09. ③ 10. ①

11 다음 ( ) 안에 알맞은 말은?

> 도시가스용 압력조정기의 유량시험은 조절 스프링을 고정하고 표시된 입구 압력 범위 안에서 (㉠)을 통과시킬 경우 출구압력은 제조사가 제시한 설정압력의 ±(㉡)% 이내로 한다.

① ㉠ 최대표시 유량, ㉡ 10
② ㉠ 최대표시 유량, ㉡ 20
③ ㉠ 최대출구 유량, ㉡ 10
④ ㉠ 최대출구 유량, ㉡ 20

12 다음 각종 온도계에 대한 설명으로 옳은 것은?

① 저항온도계는 이중금속 2종류의 양단을 용접 또는 납붙임으로 하여 양단의 온도가 다를 때 발생하는 열기전력의 변화를 측정하여 온도를 구한다.
② 유리제 온도계의 봉입액으로 수은을 사용한 것은 −30~350℃ 정도의 범위에서 사용된다.
③ 온도계의 온도검출부는 열용량이 크면 좋다.
④ 바이메탈식 온도계는 온도에 따른 전기적 변화를 이용한 온도계이다.

| 해설 | ㉠ 열전대 온도계 : 열기전력 이용
㉡ 전기저항식 온도계 : 저항 변화 이용
㉢ 유리제 온도계 : −30 ~ 350℃ 범위

13 배관을 지하에 매설하는 경우 배관은 그 외면으로부터 도로 밑의 다른 시설물과 몇 m 이상의 거리를 유지하여야 하는가?

① 0.2   ② 0.3
③ 0.5   ④ 1

| 해설 | 배관 $\xleftrightarrow{\frac{0.3m}{\text{이상}}}$ 타시설물

14 가스사용시설의 연소기 각각에 대하여 퓨즈콕을 설치하여야 하나, 연소기 용량이 몇 kcal/h를 초과할 때 배관용밸브로 대용할 수 있는가?

① 12500
② 15500
③ 19400
④ 25500

| 해설 | 가스연소기의 퓨즈콕 대신 배관용 밸브를 대용할 수 있는 연소기의 용량은 19400kcal/h를 초과할 때이다.

15 다음 ( ) 안에 들어갈 수 있는 경우로 옳지 않은 것은?

> "액화 천연가스의 저장설비 및 처리설비는 그 외면으로부터 사업소 경계까지 일정 규모 이상의 안전거리를 유지하여야 한다. 이때 사업소 경계가 ( )의 경우에는 이들의 반대편 끝을 경계로 보고 있다."

① 산   ② 호수
③ 하천   ④ 바다

| 해설 | 사업소 경계가 산 → 사업소 경계가 반대편 끝이 된다.

| 정답 | 11. ② 12. ② 13. ② 14. ③ 15. ①

16 용기 내부에서 가연성가스의 폭발이 발생할 경우 그 용기가 폭발압력에 견디고, 접합면 개구부 등을 통하여 외부의 가연성가스에 인화되지 아니하도록 한 방폭구조는?

① 내압방폭구조
② 압력방폭구조
③ 유입방폭구조
④ 안전증 방폭구조

| 해설 | 내압방폭구조 : 용기 내부에서 그 용기가 폭발압력에 견디는 방폭구조

17 가스설비의 설치가 완료된 후에 실시하는 내압시험시 공기를 사용하는 경우 우선 상용압력의 몇 %까지 승압하는가?

① 30
② 40
③ 50
④ 60

| 해설 | 가스설비 내압시험율이 공기이면 우선 상용압력의 50%까지 승압시킨다.

18 아세틸렌가스 충전시 첨가하는 희석제가 아닌 것은?

① 메탄
② 일산화탄소
③ 에틸렌
④ 이산화황

| 해설 | 희석제 : 메탄, 일산화탄소, 에틸렌, 질소, 이산화탄소 등

19 고압가스 용기를 내압 시험한 결과 전증가량은 400mL, 영구증가량이 20mL이었다. 영구증가율은 얼마인가?

① 0.2%
② 0.5%
③ 5%
④ 20%

| 해설 | 영구증가율(%) = $\frac{20}{400} \times 100 = 5\%$

20 공기액화 분리장치에 들어가는 공기 중에 아세틸렌가스가 혼입되면 안 되는 주된 이유는?

① 질소와 산소의 분리에 방해가 되므로
② 산소의 순도가 나빠지기 때문에
③ 분리기 내의 액체산소의 탱크 내에 들어가 폭발하기 때문에
④ 배관 내에서 동결되어 막히므로

| 해설 | • 공기 액화 분리장치 폭발원인
① 공기 취입구로부터 C_2H_2의 혼입
② 압축기용 윤활유 분해에 따른 탄화수소의 생성
③ 공기 중의 질소화합물 혼입(NO, NO_2 등)
④ 액체 공기 중 오존(O_3)의 혼입

21 유속이 일정한 장소에서 전압과 정압의 차이를 측정하여 속도수두에 따른 유속을 구하여 유량을 측정하는 형식의 유량계는?

① 피토관식 유량계
② 열선식 유량계
③ 전자식 유량계
④ 초음파식 유량계

| 해설 | 피토관식 유량계는 전압과 정압의 차이를 측정하여 속도수두에 따른 유속을 구하여 유량을 측정한다.

| 정답 | 16. ① 17. ③ 18. ④ 19. ③ 20. ③ 21. ①

22 표준상태에서 1몰의 아세틸렌이 완전연소될 때 필요한 산소의 몰 수는?

① 1몰 ② 1.5몰
③ 2몰 ④ 2.5몰

| 해설 | $C_2H_2 + 2.5O_2 \rightarrow 2CO_2 + H_2O$
아세틸렌 1몰 연소시 산소 2.5몰 필요

23 질소가스의 특징에 대한 설명으로 틀린 것은?

① 암모니아의 합성원료이다.
② 공기의 주성분이다.
③ 방전용으로 사용된다.
④ 산화방지제로 사용된다.

| 해설 | • 방전관에 넣는 가스는 불활성가스
He, Ne, Ar, Kr, Xe, Rn

24 20RT의 냉동능력을 갖는 냉동기에서 응축온도가 30℃, 증발온도가 −25℃일 때 냉동기를 운전하는데 필요한 냉동기의 성적계수(COP)는 약 얼마인가?

① 4.5
② 7.5
③ 14.5
④ 17.5

| 해설 | 273 + 30 = 303K, 273 − 25 = 248K
∴ $COP = \dfrac{248}{303 - 248} = 4.5$

25 산소의 농도를 높임에 따라 일반적으로 감소하는 것은?

① 연소속도 ② 폭발범위
③ 화염속도 ④ 점화에너지

| 해설 | 산소농도가 높아지면 가연성가스는 점화에너지가 감소한다.

26 염소가스의 건조제로 사용되는 것은?

① 진한 황산
② 염화칼슘
③ 활성 알루미나
④ 진한 염산

| 해설 | 염소가스 건조제 : 진한 황산

27 다음 중 가장 낮은 압력은?

① 1bar ② 0.9atm
③ 28.56inHg ④ 10.3mH$_2$O

| 해설 | ① 1.02kg/cm^2
② 0.93kg/cm^2
③ 0.98kg/cm^2
④ 1.033kg/cm^2

28 화씨 86℉는 절대온도로 몇 K인가?

① 233 ② 303
③ 409 ④ 522

| 해설 | ℃ = $\dfrac{5}{9}$ × (℉ − 32) = $\dfrac{5}{9}$ × (86 − 32) = 30℃
K = ℃ + 273 = 30 + 273 = 303K

| 정답 | 22. ④ 23. ③ 24. ① 25. ④ 26. ① 27. ② 28. ②

29 LPG가스 용기의 재질로서 가장 적당한 것은?

① 주철
② 탄소강
③ 알루미늄
④ 두랄루민

해설 | LPG가스 용기 재료 : 탄소강

30 독성가스 배관은 2중관 구조로 하여야 한다. 이때 외층관 내경은 내층관 외경의 몇 배 이상을 표준으로 하는가?

① 1.2   ② 1.5
③ 2   ④ 2.5

해설 | • 독성가스 이중관

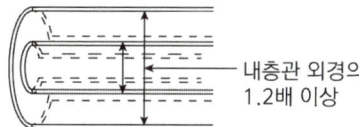

31 사람이 사망하기 시작하는 폭발압력은 약 몇 kPa인가?

① 70
② 700
③ 1700
④ 2700

해설 | ㉠ 700kPa = 7.1428kgf/cm²
     ㉡ 1kgf/cm² = 98kPa
     ㉢ 1atm = 101.3kPa

32 가스보일러 설치기준에 따라 반드시 내열실리콘으로 마감조치를 하여 기밀이 유지되도록 하여야 하는 부분은?

① 배기통과 가스보일러의 접속부
② 배기통과 배기통의 접속부
③ 급기통과 배기통의 접속부
④ 가스보일러의 급기통의 접속부

해설 | 배기통과 가스보일러의 접속부는 기밀이 유지되도록 내열 실리콘 마감재가 필요하다.

33 방폭지역이 0종인 장소에는 원칙적으로 어떤 방폭구조의 것을 사용하여야 하는가?

① 내압 방폭구조
② 압력 방폭구조
③ 본질안전 방폭구조
④ 안전증 방폭구조

해설 | 0종 장소 : 상용의 상태에서 가연성 가스의 농도가 연속해서 폭발한계 이상으로 되는 장소에서 방폭구조는 본질안전 방폭구조로 한다.

34 부탄가스용 연소기의 명판에 기재할 사항이 아닌 것은?

① 연소기명
② 제조자의 형식 호칭
③ 연소기 재질명
④ 제조(로트)번호

해설 | 연소기 명판에 재질에 관한 것은 기재하지 않는다.

정답 | 29. ② 30. ① 31. ② 32. ① 33. ③ 34. ③

35 고압가스의 제조장치에서 누출되고 있는 것을 그 냄새로 알 수 있는 가스는?

① 일산화탄소
② 이산화탄소
③ 염소
④ 아르곤

| 해설 | 염소(Cl_2)가스는 상온에서 황록색의 기체이며 자극성이 강한 맹독성 가스이다.

36 독성가스를 운반하는 차량에 반드시 갖추어야 할 용구나 물품에 해당되지 않는 것은?

① 방독면
② 제독제
③ 고무장갑
④ 소화장비

| 해설 | 소화장비 : 가연성가스의 운반시 갖춰야 할 물품

37 LPG에 대한 설명 중 틀린 것은?

① 액체 상태는 물(비중 1)보다 가볍다.
② 기화열이 커서 액체가 피부에 닿으면 동상의 우려가 있다.
③ 공기와 혼합시켜 도시가스 원료로도 사용된다.
④ 가정에서 연료용으로 사용하는 LPG는 올레핀계 탄화수소이다.

| 해설 | 가정용 LPG는 프로판(C_3H_8)으로 포화탄화수소, 즉 파라핀계이다.

38 다음 유량 측정방법 중 직접법은?

① 습식가스미터
② 로터미터
③ 오리피스미터
④ 피토튜브

| 해설 | • 유량계 중 직접법 : 습식가스미터
• 간접법 : 피토관, 오리피스식, 벤튜리식, 로터미터

39 다음 중 고압가스 처리시설로 볼 수 없는 것은?

① 저장탱크에 부속된 펌프
② 저장탱크에 부속된 안전밸브
③ 저장탱크에 부속된 압축기
④ 저장탱크에 부속된 기화장치

| 해설 | 안전밸브 : 부속설비 중 안전장치이다.

40 가스가 누출되었을 때의 조치로써 가장 적당한 것은?

① 용기 밸브가 열려서 누출 시 부근 화기를 멀리하고, 즉시 밸브를 잠근다.
② 용기 밸브 파손으로 누출 시 전부 대피한다.
③ 용기 안전밸브 누출 시 그 부위를 열습포로 감싸준다.
④ 가스 누출로 실내에 가스 체류 시 그냥 놔두고 밖으로 피신한다.

| 해설 | 가스용기 누출 시 화기를 차단하고 누출부위를 신속히 조치한다.

| 정답 | 35. ③ 36. ④ 37. ④ 38. ① 39. ② 40. ①

41 다음 중 염소의 용도로 적합하지 않은 것은?

① 소독용으로 쓰인다.
② 염화비닐 제조의 원료이다.
③ 표백제로 쓰인다.
④ 냉매로 사용된다.

| 해설 | 염소는 맹독성 가스이며 잠열이 적어서 냉매로 사용은 곤란하다.

42 2종 금속의 양끝의 온도차에 따른 열기전력을 이용하여 온도를 측정하는 온도계는?

① 베크만 온도계
② 바이메탈식 온도계
③ 열전대 온도계
④ 전기저항 온도계

| 해설 | 열전대 온도계 : 2종 금속의 열기전력 이용

43 고압가스용기 등에서 실시하는 재검사 대상이 아닌 것은?

① 충전할 고압가스 종류가 변경된 경우
② 합격표시가 훼손된 경우
③ 용기밸브를 교체한 경우
④ 손상이 발생된 경우

| 해설 | • 가스용기 재검사 대상
　㉠ 충전고압가스 종류 변경 시
　㉡ 손상이 발생된 경우
　㉢ 합격표시가 훼손된 경우

44 수소의 폭발한계는 4 ~ 75v%이다. 수소의 위험도는 약 얼마인가?

① 0.9　　② 17.75
③ 18.7　　④ 19.75

| 해설 | $H = \dfrac{U-L}{L} = \dfrac{75-4}{4} = 17.75$

45 실린더 중에 피스톤과 보조 피스톤이 있고 상부에 팽창기, 하부에 압축기로 구성되어 있으며, 수소, 헬륨을 냉매로 하는 것이 특징인 공기액화 장치는?

① 카르노식 액화장치
② 필립스식 액화장치
③ 린데식 액화장치
④ 클라우드식 액화장치

| 해설 | 필립스식 액화장치 냉매 : 수소, 헬륨

46 방류둑의 성토는 수평에 대하여 몇 도 이하의 기울기로 하여야 하는가?

① 15　　② 30
③ 45　　④ 60

| 해설 | 방류둑의 성토는 수평에 대하여 45도 이하의 기울기로 한다.

47 다음 중 방폭구조의 표시방법으로 잘못된 것은?

① 안전증방폭구조 : e
② 본질안전방폭구조 : b
③ 유입방폭구조 : o
④ 내압방폭구조 : d

| 해설 | 본질안전방폭구조 : ia 또는 ib

| 정답 | 41. ④　42. ③　43. ③　44. ②　45. ②　46. ③　47. ②

48 나사압축기(Screw compressor)의 특징에 대한 설명으로 틀린 것은?

① 흡입, 압축, 토출의 3행정으로 이루어져 있다.
② 기체에는 맥동이 없고 연속적으로 압축한다.
③ 토출압력의 변화에 의한 용량변화가 크다.
④ 소음방지 장치가 필요하다.

| 해설 | 나사압축기(스크류 압축기)는 토출압력에 따른 용량변화가 적다.

49 다음 중 탄소와 수소의 중량비(C/H)가 가장 큰 것은?

① 에탄   ② 프로필렌
③ 프로판   ④ 메탄

| 해설 | C/H(탄화수소비)가 큰 경우는 탄소 수가 많다.
화학식 : 에탄(C_2H_4), 프로필렌(C_3H_6), 프로판(C_3H_8), 메탄(CH_4)

50 다음 중 독성가스에 해당하지 않는 것은?

① 아황산가스
② 암모니아
③ 일산화탄소
④ 이산화탄소

| 해설 | ① 아황산가스 : 5ppm
② 암모니아 : 25ppm
③ 일산화탄소 : 50ppm

51 LP가스 자동차충전소에서 사용하는 디스펜서(Dispenser)에 대하여 옳게 설명한 것은?

① LP가스 충전소에서 용기에 일정량의 LP가스를 충전하는 충전기기이다.
② LP가스 충전소에서 용기에 충전하는 가스용적을 계량하는 기기이다.
③ 압축기를 이용하여 탱크로리에서 저장탱크로 LP가스를 이송하는 장치이다.
④ 펌프를 이용하여 LP가스를 저장탱크로 이송할 때 사용하는 안전장치이다.

| 해설 | LP가스 디스펜서 : LP가스 충전기

52 다음 중 "제2종 영구기관은 존재할 수 없다. 제2종 영구기관의 존재 가능성을 부인한다." 라고 표현되는 법칙은?

① 열역학 제0법칙
② 열역학 제1법칙
③ 열역학 제2법칙
④ 열역학 제3법칙

| 해설 | 열역학 제2법칙 : 제2종 영구기관은 존재할 수 없다

53 탄소 2kg을 완전 연소시켰을 때 발생되는 연소가스는 약 몇 kg인가?

① 3.67   ② 7.33
③ 5.87   ④ 8.89

| 해설 |
$$C + O_2 \rightarrow CO_2$$
12kg   32kg   44kg

$12 : 44 = 2 : x$, $x = 44 \times \dfrac{2}{12} = 7.33(kg)$

| 정답 | 48. ③ 49. ② 50. ④ 51. ① 52. ③ 53. ②

54 액화석유가스 사용시설에서 소형저장탱크의 저장능력이 몇 kg 이상인 경우에 과압안전장치를 설치하여야 하는가?

① 100
② 150
③ 200
④ 250

해설 | 저장능력이 250kg 이상의 LPG는 과압 안전장치가 필요하다.

55 산소(O_2)에 대한 설명 중 틀린 것은?

① 무색, 무취의 기체이며 물에는 약간 녹는다.
② 가연성 가스이나 그 자신은 연소하지 않는다.
③ 용기의 도색은 일반 공업용이 녹색, 의료용이 백색이다.
④ 저장용기는 무계목 용기를 사용한다.

해설 | 산소는 가연성물질의 연소를 돕는 조연성 가스이다.

56 독성가스인 염소를 운반하는 차량에 반드시 갖추어야 할 용구나 물품에 해당되지 않는 것은?

① 소화장비
② 제독제
③ 내산장갑
④ 누출검지기

해설 | 염소가스는 지연성이므로 운반 차량에는 소화장비는 갖추지 않아도 된다.

57 액체는 무색 투명하고, 특유의 복숭아 향을 가진 맹독성 가스는?

① 일산화탄소
② 포스겐
③ 시안화수소
④ 메탄

해설 | HCN(시안화수소) : 복숭아향을 가진 맹독성 가스

58 다음 중 독성가스에 해당되는 것은?

① 에틸렌
② 탄산가스
③ 시클로프로판
④ 산화에틸렌

해설 | 산화에틸렌가스(C_2H_4O) : 폭발범위 : 3~80%(가연성), 독성 : 50ppm(독성)

59 스크류 펌프는 어느 형식의 펌프에 해당하는가?

① 축류식
② 원심식
③ 회전식
④ 왕복식

해설 | 스크류 펌프(나사펌프) : 회전식 펌프

60 다음 가스 저장시설 중 환기구를 갖추는 등의 조치를 반드시 하여야 하는 곳은?

① 산소 저장소
② 질소 저장소
③ 헬륨 저장소
④ 부탄 저장소

해설 | 가스저장실에 환기구를 설치해야 하는 가스는 가연성인 부탄(C_4H_{10})이다.

정답 | 54. ④ 55. ② 56. ① 57. ③ 58. ④ 59. ③ 60. ④

FINAL CHECK

가스기능사 모의고사 11회

01 배관의 표지판은 배관이 설치되어 있는 경로에 따라 배관의 위치를 정확히 알 수 있도록 설치하여야 한다. 지상에 설치된 배관은 표지판을 몇 m 이하의 간격으로 설치하여야 하는가?

① 100
② 300
③ 500
④ 1,000

| 해설 | 지상배관 위치표지판의 간격은 1,000m 이하

02 수분이 존재할 때 일반 강재를 부식시키는 가스는?

① 황화수소
② 수소
③ 일산화탄소
④ 질소

| 해설 | 황화수소는 습기를 함유하게 되면 금, 백금을 제외한 거의 금속과 작용하여 황화물을 만든다.

03 초저온 용기의 단열성능 검사 시 측정하는 침입 열량의 단위는?

① $kcal/h \cdot L \cdot ℃$
② $kcal/m^2 \cdot h \cdot ℃$
③ $kcal/m \cdot h \cdot ℃$
④ $kcal/m \cdot L \cdot bar$

| 해설 | 초저온 용기 단열성능 시험 시 침입열량단위 : $kcal/h \cdot ℃ \cdot L$

04 프로판(C_3H_8) $1m^3$을 완전연소시킬 때 필요한 이론산소량은 몇 m^3인가?

① 5
② 10
③ 15
④ 20

| 해설 | $C_3H_8 + 5O_2 \rightarrow 3CO_2 + 4H_2O$
$1m^3$: $5m^3$

05 가스용 금속플렉시블 호스에 대한 설명으로 틀린 것은?

① 이음쇠는 플레어(flare) 또는 유니온(union)의 접속기능이 있어야 한다.
② 호스의 최대길이는 10,000mm 이내로 한다.
③ 호스길이 허용오차는 +3%, −2% 이내로 한다.
④ 튜브는 금속제로서 주름가공으로 제작하여 쉽게 굽혀질 수 있는 구조로 한다.

| 해설 | 가스용 금속 플렉시블 호스의 길이(표준길이)는 제일 짧은 것은 200mm, 가장 긴 것은 3,000mm로 한다. (단 길이 허용오차는 +3%, −2%이다.) 다만, 주문자와 제조자의 합의에 따라 최대 5,000mm 이내로 한다.

| 정답 | 01. ④ 02. ① 03. ① 04. ① 05. ②

06 도시가스의 배관의 해저설치시의 기준으로 틀린 것은?

① 배관은 원칙적으로 다른 배관과 교차하지 아니하도록 한다.
② 배관의 입상부에는 방호 시설물을 설치한다.
③ 배관은 해저면 위에 설치한다.
④ 배관은 원칙적으로 다른 배관과 30m 이상의 수평거리를 유지한다.

| 해설 | 해저설치시 도시가스 배관은 해저면 밑에 설치한다.

07 27℃, 1기압 하에서 메탄가스 80g이 차지하는 부피는 약 몇 L인가?

① 112   ② 123
③ 224   ④ 246

| 해설 | $PV = \frac{W}{M}RT$

$$V = \frac{\frac{W}{M}RT}{P} = \frac{\frac{80}{16} \times 0.082 \times (27+273)}{1atm}$$
$$= 123L$$

08 공기액화분리장치의 내부 세정액으로 가장 적당한 것은?

① 가성소다   ② 사염화탄소
③ 물   ④ 묽은 염산

| 해설 | 내부세정액 : 사염화탄소

09 고압가스 냉매설비의 기밀시험 시 압축공기를 공급할 때 공기의 온도는 몇 ℃ 이하로 할 수 있는가?

① 40℃ 이하
② 70℃ 이하
③ 100℃ 이하
④ 140℃ 이하

| 해설 | 가스냉매시설 기밀시험 시 공기온도는 140℃ 이하로 할 것

10 산소 또는 천연메탄을 수송하기 위한 배관과 이에 접속하는 압축기와의 사이에 반드시 설치하여야 하는 것은?

① 표지판
② 압력계
③ 수취기
④ 안전밸브

| 해설 | 산소나 천연메탄 수송시 배관과 압축기 사이에 수취기를 설치한다.

11 가연성가스 제조 공장에서 착화의 원인으로 가장 거리가 먼 것은?

① 정전기
② 베릴륨 합금제 공구에 의한 충격
③ 사용 촉매의 접촉 작용
④ 밸브의 급격한 조작

| 해설 | 베릴륨 합금제 공구는 방폭용 공구

| 정답 | 06. ③ 07. ② 08. ② 09. ④ 10. ③ 11. ②

12 왕복펌프에 사용하는 밸브 중 점성액이나 고형물이 들어 있는 액에 적합한 밸브는?

① 원판밸브 ② 윤형밸브
③ 플래트밸브 ④ 구밸브

| 해설 | 구밸브 : 왕복펌프에 사용하며 점성액이나 고형물이 들어 있는 액에 적합한 밸브이다.

13 독성가스 허용농도의 종류가 아닌 것은?

① 시간가중 평균농도(TLV-TWA)
② 단시간 노출허용농도(TLV-STEL)
③ 최고 허용농도(TLV-C)
④ 순간 사망허용농도(TLV-D)

| 해설 | 독성가스 허용농도 : 최고 허용농도, 단시간 노출 허용농도, 시간 가중 평균농도

14 다음 중 1atm을 환산한 값으로 틀린 것은?

① 14.7psi ② 760mmHg
③ 10.332mH$_2$O ④ 1.013kg$_f$/m^2

| 해설 | 1atm(표준대기압) = 1.013kg$_f$/cm^2

15 주로 탄광 내에서 CH$_4$의 발생을 검출하는데 사용되며 청염(푸른 불꽃)의 길이로써 그 농도를 알 수 있는 가스감지기는?

① 안전등형 ② 간섭계형
③ 열선형 ④ 흡광 광도형

| 해설 | 탄광 내에서 메탄가스(CH$_4$)의 가스검지기는 안전등형 가연성 검출기를 사용한다.(불꽃길이 측정용)

16 산소용기의 최고 충전압력이 15MPa일 때 이 용기의 내압시험압력은 얼마인가?

① 15MPa ② 20MPa
③ 22.5MPa ④ 25MPa

| 해설 | • 산소용기

$$TP = FP \times \frac{5}{3}배$$

$$\therefore 15 \times \frac{5}{3} = 25MPa$$

17 긴급차단장치의 조작 동력원이 아닌 것은?

① 액압 ② 기압
③ 전기 ④ 차압

| 해설 | 긴급차단장치의 조작 동력원 : 액압, 기압, 전기식, 스프링식이다.

18 액화염소가스 1375KG을 용량 50L인 용기에 충전하려면 몇 개의 용기가 필요한가?(단, 액화염소가스의 정수[C]는 0.8이다.)

① 20 ② 22
③ 25 ④ 27

| 해설 | $W = \frac{50}{0.8} = 62.5kg$

$$\therefore \frac{1375}{62.5} = 22EA$$

19 도시가스 배관의 관경이 25mm인 것은 몇 m마다 고정하여야 하는가?

① 1 ② 2
③ 3 ④ 4

| 해설 | ① 13mm 이하 : 1m마다 고정
② 13mm ~ 33mm 이하 : 2m마다 고정
③ 33mm 초과 : 3m마다 고정

| 정답 | 12. ④ 13. ④ 14. ④ 15. ① 16. ④ 17. ④ 18. ② 19. ②

20 압축천연가스(CNG) 자동차 충전소에 설치하는 압축가스설비의 설계압력이 25MPa인 경우 압축 가스설비에 설치하는 압력계의 법적 최대지시 눈금은 최소 얼마 이상으로 하여야 하는가?

① 25.0MPa
② 27.5MPa
③ 37.5MPa
④ 50.0MPa

해설 25MPa × 1.5배 = 37.5MPa

21 가스히트펌프(GHP)는 다음 중 어떤 분야로 분류되는가?

① 냉동기   ② 특정설비
③ 가스용품 ④ 용기

해설 가스용 히트펌프 : 냉동기 분야에 포함된다.

22 LPG가 충전된 납붙임 또는 접합용기는 얼마의 온도에서 가스누출시험을 할 수 있는 온수시험 탱크를 갖추어야 하는가?

① 20 ~ 32℃
② 35 ~ 45℃
③ 46 ~ 50℃
④ 60 ~ 80℃

해설 납붙임, 접합용기의 온수누출시험온도 46 ~ 50℃

23 고압가스안전관리법령에 따라 "상용의 온도에서 압력이 1MPa 이상이 되는 압축가스로서 실제로 그 압력이 1MPa 이상이 되는 경우에는 고압가스에 해당한다. 여기에서 압력은 어떠한 압력을 말하는가?

① 대기압   ② 게이지압력
③ 절대압력   ④ 진공압력

해설 압축가스 1MPa 이상일 때 고압가스에 해당하게 되는데 이때 압력은 게이지로 측정하는 압력이다.

24 LP가스 사용시설에서 호스의 길이는 연소기까지 몇 m 이내로 하여야 하는가?

① 3m
② 5m
③ 7m
④ 9m

해설 사용시설 호스 길이는 3m

25 다음 중 정압기의 부속설비가 아닌 것은?

① 불순물 제거장치
② 이상 압력상승 방지장치
③ 검사용 맨홀
④ 압력기록장치

해설 정압기 부속설비 : 필터, 자기압력기록계, 이상 압력상승 방지장치

정답   20. ③   21. ①   22. ③   23. ②   24. ①   25. ③

26 운전 중인 액화석유가스 충전설비의 작동상황에 대하여 주기적으로 점검하여야 한다. 점검 주기는?

① 1일에 1회 이상
② 1주일에 1회 이상
③ 3월에 1회 이상
④ 6월에 1회 이상

| 해설 | LPG 충전설비 작동점검 1일 1회 이상

27 후부취출식 탱크에서 탱크 주밸브 및 긴급 차단 장치에 속하는 밸브와 차량의 뒷범퍼와의 수평 거리는 얼마 이상 떨어져 있어야 하는가?

① 20cm
② 30cm
③ 40cm
④ 60cm

| 해설 | 후부취출식 : 40cm 이상 이격

28 고압가스특정제조사업소의 고압가스설비 중 특수반응설비와 긴급차단장치를 설치한 고압가스설비에서 이상사태가 발생하였을 때 그 설비 내의 내용물을 설비 밖으로 긴급하고 안전하게 이송하여 연소시키기 위한 것은?

① 내부반응감시장치
② 벤트스택
③ 인터록
④ 플레어스택

| 해설 | 플레어스택 : 이상사태 발생시 그 설비 내의 내용물을 설비 밖으로 긴급히 안전하게 이송하여 연소시킨다.

29 고압가스 용기 제조의 시설기준에 대한 설명 중 틀린 것은?

① 무계목용기 동판의 최대두께와 최소두께와의 차이는 평균 두께의 20% 이하로 한다.
② 초저온 용기는 오스테나이트계 스테인리스강 또는 알루미늄합금으로 제조한다.
③ 아세틸렌 용기에 충전하는 다공물질은 다공도가 72% 이상 95% 미만으로 한다.
④ 용기에는 프로텍터 또는 캡을 고정식 또는 체인식으로 부착한다.

| 해설 | 아세틸렌 다공물질의 다공도는 75% 이상 92% 미만으로 한다.

30 LNG와 LPG에 대한 설명으로 옳은 것은?

① LPG는 대체 천연가스 또는 합성천연가스를 말한다.
② 액체상태의 나프타를 LNG라 한다.
③ LNG는 각종 석유가스의 총칭이다.
④ LNG는 액화천연가스를 말한다.

| 해설 | • L.N.G : 액화천연가스
• L.P.G : 액화석유가스

31 포스겐의 취급 방법에 대한 설명 중 틀린 것은?

① 포스겐을 함유한 폐기액은 산성물질로 충분히 처리한 후 처분한다.
② 취급시에는 반드시 방독마스크를 착용한다.
③ 환기시설을 갖추어 작업한다.
④ 누출시 용기가 부식되는 원인이 되므로 약간의 누출에도 주의한다.

| 해설 | 포스겐은 맹독성 물질로 알칼리인 수산화나트륨(NaOH)에 신속하게 흡수된다.
$COCl_2 + 4NaOH \rightarrow Na_2CO_3 + 2NaCl + 2H_2O$

| 정답 | 26. ① 27. ③ 28. ④ 29. ③ 30. ④ 31. ①

32 절대온도 0°K는 섭씨온도에서 약 몇 °C인가?

① −273
② 0
③ 32
④ 273

| 해설 | 0°K = °C + 273
∴ °C = −273°C

33 공기비(m)가 클 경우 연소에 미치는 영향에 대한 설명으로 가장 거리가 먼 것은?

① 미연소에 의한 열손실이 증가한다.
② 배기가스 중에 O_2 양이 증대한다.
③ 연소가스 중에 NO_2의 발생이 심해진다.
④ 통풍력이 강하여 배기가스에 의한 열손실이 커진다.

| 해설 | 공기비가 크면 연소용 공기량이 커져서 미연소가스 발생이 억제된다. 완전연소가 가능하나 노내 온도가 저하하고 배기가스량이 많아서 열손실이 발생된다.

34 고압가스설비에 설치하는 벤트스택과 플레어스택에 대한 설명으로 틀린 것은?

① 플레어스택에는 긴급이송설비로부터 이송되는 가스를 연소시켜 대기로 안전하게 방출시킬 수 있는 파이롯버너 또는 항상 작동할 수 있는 자동점화장치를 설치한다.
② 플레어스택의 설치위치 및 높이는 플레어스택 바로 밑의 지표면에 미치는 복사열이 4,000kcal/m² · h 이하가 되도록 한다.
③ 가연성가스의 긴급용 벤트스택의 높이는 착지농도가 폭발하한계값 미만이 되도록 충분한 높이로 한다.
④ 벤트스택은 가능한 공기보다 무거운 가스를 방출해야 한다.

| 해설 | 벤트스택은 가능한 공기보다 가벼운 가스를 방출하는 기구이다.

35 도시가스배관의 전기방식 전류가 흐르는 상태에서 자연 전위와의 전위 변화는 최소한 몇 mV 이하이어야 하는가?

① −100
② −200
③ −300
④ −500

| 해설 | 자연전위와의 전위변화는 최소한 −300mV 이하이어야 한다.

| 정답 | 32. ① 33. ① 34. ④ 35. ③

36 표준상태 하에서 증발열이 큰 순서에서 적은 순으로 옳게 나열된 것은?

① NH_3 – LNG – H_2O – LPG
② NH_3 – LPG – LNG – H_2O
③ H_2O – NH_3 – LNG – LPG
④ H_2O – LNG – LPG – NH_3

| 해설 | • 증발잠열
　　　㉠ H_2O : 539kcal/kg
　　　㉡ NH_3 : 326.2kcal/kg
　　　㉢ LNG : 메탄 121.87kcal/kg
　　　㉣ LPG : 프로판 101.8kcal/kg
　　　　　　　부탄 92.1kcal/kg

37 다음 [보기]의 가스 중 독성이 강한 순서부터 바르게 나열된 것은?

[보기]
① H_2S　　　② CO
③ Cl_2　　　④ $COCl_2$

① ④ > ③ > ① > ②
② ③ > ④ > ② > ①
③ ④ > ② > ① > ③
④ ④ > ③ > ② > ①

| 해설 | 독성허용농도가 적을수록 독성이 강하다.
　　　① 황화수소(H_2S) : 10ppm
　　　② 일산화탄소(CO) : 50ppm
　　　③ 염소(Cl_2) : 1ppm
　　　④ 포스겐($COCl_2$) : 0.1ppm

38 액화석유가스에 대한 설명으로 틀린 것은?

① 프로판, 부탄을 주성분으로 한 가스를 액화한 것이다.
② 물에 잘 녹으며 유지류 또는 천연고무를 잘 용해시킨다.
③ 기체의 경우 공기보다 무거우나 액체의 경우 물보다 가볍다.
④ 상온, 상압에서 기체이나 가압, 냉각을 통해 액화가 가능하다.

| 해설 | 액화석유가스는 물보다 가볍고 천연고무를 용해한다.(실리콘 고무 사용)

39 다음 중 지연성(조연성)가스가 아닌 것은?

① 네온　　　② 염소
③ 이산화질소　　　④ 오존

| 해설 | 네온 : 불활성가스

40 가스누출경보기의 검지부를 설치할 수 있는 장소는?

① 증기, 물방울, 기름기 섞인 연기 등이 직접 접촉될 우려가 있는 곳
② 주위온도 또는 복사열에 의한 온도가 섭씨 40℃ 미만이 되는 곳
③ 설비 등에 가려져 누출가스의 유동이 원활하지 못한 곳
④ 차량, 그 밖의 작업 등으로 인하여 경보기가 파손될 우려가 있는 곳

| 해설 | 가스누출경보기 검지부 설치장소는 주위온도 또는 복사열에 의한 온도가 40℃ 미만이 되는 곳에 설치한다.

| 정답 |　36. ③　37. ①　38. ②　39. ①　40. ②

41 고압가스안전관리법에서 정하고 있는 특정설비가 아닌 것은?

① 안전밸브
② 기화장치
③ 독성가스 배관용밸브
④ 도시가스용 압력조정기

| 해설 | 도시가스용 압력조정기는 특정설비에서 제외

42 부취제 중 황 화합물의 화학적 안정성을 순서대로 바르게 나열한 것은?

① 이황화물 > 메르캅탄 > 환상황화물
② 메르캅탄 > 이황화물 > 환상황화물
③ 환상황화물 > 이황화물 > 메르캅탄
④ 이황화물 > 환상황화물 > 메르캅탄

| 해설 | • 부취제의 황 화합물의 화학적 안정성
환상황화물 > 이황화물 > 메르캅탄

43 고온·고압에서 질화 작용과 수소취화 작용이 일어나는 가스는?

① NH_3
② SO_2
③ Cl_2
④ C_2H_2

| 해설 | NH_3 : 고온·고압하에서 강재를 질화, 취화시키므로 18-8 스테인리스강 사용

44 가스 충전구에 따른 분류 중 가스 충전구에 나사가 없는 것은 무슨 형으로 표시하는가?

① A
② B
③ C
④ D

| 해설 | A : 충전구 나사가 숫나사
B : 충전구 나사가 암나사
C : 충전구 나사가 없는 것

45 초저온 저장탱크의 측정에 많이 사용되며 차압에 의해 액면을 측정하는 액면계는?

① 햄프슨식 액면계
② 전기저항식 액면계
③ 초음파식 액면계
④ 크링카식 액면계

| 해설 | 햄프슨식 액면계 : 초저온 저장탱크 측정용으로서 차압에 의한 측정 액면계이다.

46 염화메탄을 사용하는 배관에 사용해서는 안되는 금속은?

① 철
② 강
③ 동합금
④ 알루미늄

| 해설 | 염화메탄은 알칼리, 알칼리토금속, 마그네슘, 아연, 알루미늄과는 반응한다.

47 다음 중 비접촉식 온도계에 해당하지 않는 것은?

① 광전관 온도계
② 색 온도계
③ 방사 온도계
④ 압력식 온도계

| 해설 | 압력식 온도계(접촉식) : 증기압식, 액체팽창식, 기체압력식

| 정답 | 41. ④ 42. ③ 43. ① 44. ③ 45. ① 46. ④ 47. ④

48 다음 중 가스크로마토그래피의 캐리어가스로 사용되는 것은?

① 헬륨　　② 산소
③ 불소　　④ 염소

| 해설 | 캐리어가스(전개제) : Ar(아르곤), He(헬륨), H_2(수소), N_2(질소) 등

49 다음 중 같은 저장실에 혼합 저장이 가능한 것은?

① 수소와 염소가스
② 수소와 산소
③ 아세틸렌가스와 산소
④ 수소와 질소

| 해설 | 수소(가연성), 질소(불연성)는 저장실에 같이 혼합저장이 가능하다.

50 LP가스 충전설비의 작동 상황 점검주기로 옳은 것은?

① 1일 1회 이상
② 1주일 1회 이상
③ 1월 1회 이상
④ 1년 1회 이상

| 해설 | LP가스 충전설비의 작동 상황 점검은 1일 1회 이상 실시한다.

51 다음 고압가스 압축작업 중 작업을 즉시 중단해야 하는 경우가 아닌 것은?

① 아세틸렌 중 산소용량이 전용량의 2% 이상의 것
② 산소 중 가연성가스(아세틸렌, 에틸렌 및 수소를 제외한다.)의 용량이 전용량의 4% 이상의 것
③ 산소 중 아세틸렌, 에틸렌 및 수소의 용량 합계가 전용량의 2% 이상인 것
④ 시안화수소 중 산소용량이 전용량의 2% 이상의 것

| 해설 | • 압축금지
　㉠ 가연성가스 중 산소 또는 산소 중의 가연성가스가 4% 이상일 때
　㉡ 수소, 에틸렌, 아세틸렌 중의 산소가 또는 산소 중의 그 합이 2% 이상일 때

52 액화석유가스 저장탱크의 저장능력 산정시 저장능력은 몇 ℃에서의 액비중을 기준으로 계산하는가?

① 0　　② 15
③ 25　　④ 40

| 해설 | LPG저장탱크의 저장능력 산정시 액비중은 40℃ 기준

53 고압가스특정제조시설에서 안전구역 안의 고압가스 설비는 그 외면으로부터 다른 안전구역 안에 있는 고압가스 설비의 외면까지 몇 m 이상의 거리를 유지하여야 하는가?

① 5m　　② 10m
③ 20m　　④ 30m

| 해설 | 가스 특정 제조시설에서 안전구역 안의 고압가스 설비간 유지거리는 30m 이상이다.

| 정답 | 48. ①　49. ④　50. ①　51. ④　52. ④　53. ④

54 역화방지장치를 설치하지 않아도 되는 곳은?

① 가연성가스 압축기와 충전용 주관 사이의 배관
② 가연성가스 압축기와 오토클레이브 사이의 배관
③ 아세틸렌 충전용 지관
④ 아세틸렌 고압건조기와 충전용 교체밸브 사이의 배관

| 해설 | 가연성 가스 압축기와 충전용 주관 사이 배관에는 역류방지 장치를 설치한다.

55 내부반응 감시장치를 설치하여야 할 특수반응 설비에 해당하지 않는 것은?

① 암모니아 2차 개질로
② 수소화 분해반응기
③ 싸이크로헥산 제조시설의 벤젠 수첨 반응기
④ 산화에틸렌 제조시설의 아세틸렌 중합기

| 해설 | 산화에틸렌 제조시설의 에틸렌과 산소 또는 공기와의 반응기는 특수반응설비에 속하고 내부반응 감시장치를 설치한다.

56 독성가스용 가스누출검지 경보장치의 경보농도 설정치는 얼마 이하로 정해져 있는가?

① ±5%
② ±10%
③ ±25%
④ ±30%

| 해설 | 독성가스 누출검지 경보장치 경보농도 설정치는 ±30% 이하일 것

57 고압가스 배관을 도로에 매설하는 경우에 대한 설명으로 틀린 것은?

① 원칙적으로 자동차 등의 하중의 영향이 적은 곳에 매설한다.
② 배관의 외면으로부터 도로의 경계까지 1m 이상의 수평거리를 유지한다.
③ 배관의 외면으로부터 도로 밑 다른 시설물과 0.6m 이상의 거리를 유지한다.
④ 시가지의 도로 밑에 배관을 설치하는 경우 보호판을 배관의 정상부로부터 30cm 이상 떨어진 그 배관의 직상부에 설치한다.

| 해설 | 매설배관은 그 외면으로부터 타 시설물과 0.3m 이격시킬 것

58 증기압이 낮고 비점이 높은 가스는 기화가 쉽게 되지 않는다. 다음 가스 중 기화가 가장 안되는 가스는?

① CH_4
② C_2H_4
③ C_3H_8
④ C_4H_{10}

| 해설 | • 각 가스의 비점
① CH_4 : -162℃
② C_2H_4 : -103.8℃
③ C_3H_8 : -44.8℃
④ C_4H_{10} : 0.56℃

| 정답 | 54. ① 55. ④ 56. ④ 57. ③ 58. ④

59 다음 중 불연성가스는?

① CO_2
② C_3H_6
③ C_2H_2
④ C_2H_4

| 해설 | • CO_2 : 불연성가스
• C_3H_6 : 가연성가스
• C_2H_2 : 가연성가스
• C_2H_4 : 가연성가스

60 산소에 대한 설명 중 옳지 않은 것은?

① 고압의 산소와 유지류의 접촉은 위험하다.
② 과잉의 산소는 인체에 유해하다.
③ 내산화성 재료로서는 주로 납(Pb)이 사용된다.
④ 산소의 화학반응에서 과산화물은 위험성이 있다.

| 해설 | 산소의 내산화성 재료 : Al, Cr, Si, Ni

| 정답 | 59. ① 60. ③

FINAL CHECK

가스기능사 모의고사 12회

01 공기 중에서의 폭발범위가 가장 넓은 가스는?

① 황화수소
② 암모니아
③ 산화에틸렌
④ 프로판

| 해설 | • 폭발범위
㉠ 황화수소 : 4.3~45.5%
㉡ 암모니아 : 15~28%
㉢ 산화에틸렌 : 3~80%
㉣ 프로판 : 2.1~9.5%

02 고압가스 제조설비에서 누출된 가스의 확산을 방지할 수 있는 재해조치를 하여야 하는 가스가 아닌 것은?

① 황화수소
② 시안화수소
③ 아황산가스
④ 탄산가스

| 해설 | CO_2(이산화탄소)는 독성가스가 아니므로 누출 시 재해조치 시설은 하지 않아도 된다.

03 고압가스 충전용기의 운반기준으로 틀린 것은?

① 염소와 아세틸렌, 암모니아 또는 수소는 동일차량에 적재하여 운반하지 아니한다.
② 가연성가스와 산소를 동일차량에 적재하여 운반할 때에는 그 충전용기의 밸브가 서로 마주보도록 적재한다.
③ 충전용기와 소방기본법에서 정하는 위험물과는 동일차량에 적재하여 운반하지 아니한다.
④ 독성가스를 차량에 적재하여 운반할 때는 그 독성가스의 종류에 따른 방독면, 고무장갑, 고무장화 그 밖의 보호구를 갖춘다.

| 해설 | 가연성가스 용기와 산소용기를 동일차량에 적재하여 운반하려면 그 충전용기의 밸브는 서로 마주보지 않도록 하여 운반한다.

04 일기예보에서 주로 사용하는 1헥토파스칼은 약 몇 N/m^2에 해당하는가?

① 1
② 10
③ 100
④ 1000

| 해설 | 1헥토파스칼 : 100Pa(100N/m^2)

| 정답 | 01. ③ 02. ④ 03. ② 04. ③

05 가스의 폭발에 대한 설명 중 틀린 것은?

① 폭발범위가 넓은 것은 위험하다.
② 폭굉은 화염전파속도가 음속보다 크다.
③ 안전간격이 큰 것일수록 위험하다.
④ 가스의 비중이 큰 것은 낮은 곳에 체류할 위험이 있다.

| 해설 | 안전간격(틈새)이 작은 가스일수록 위험하다.

06 가스계량기와 전기계량기와는 최소 몇 cm 이상의 거리를 유지하여야 하는가?

① 15cm   ② 30cm
③ 60cm   ④ 80cm

| 해설 | 가스계량기와 전기계량기 이격거리 60cm

07 도시가스의 주성분인 메탄가스가 표준상태에서 1m³ 연소하는데 필요한 산소량은 약 몇 m³인가?

① 2   ② 2.8
③ 8.89   ④ 9.6

| 해설 | $CH_4 + 2O_2 \rightarrow CO_2 + 2H_2O$

08 저온장치에 사용하는 금속재료로 적합하지 않은 것은?

① 탄소강
② 18-8 스테인리스강
③ 알루미늄
④ 크롬-망간강

| 해설 | 탄소강은 저온장치에 사용되는 것은 적합하지 않다.

09 자동제어계의 제어동작에 의한 분류시 연속동작에 해당되지 않는 것은?

① ON-OFF 제어
② 비례동작
③ 적분동작
④ 미분동작

| 해설 | ON-OFF 제어 : 불연속 2위치동작

10 가스의 폭발범위에 영향을 주는 인자로서 가장 거리가 먼 것은?

① 비열   ② 압력
③ 온도   ④ 조성

| 해설 | 비열 : 어떤 물질 1kg을 1℃ 높이는데 필요한 열량(kcal/kg·℃)

11 다음 중 임계압력(atm)이 가장 높은 가스는?

① CO   ② C_3H_4
③ HCN   ④ Cl_2

| 해설 | • 임계압력(atm)
　　　① 염소(Cl_2) : 76.1
　　　② 일산화탄소(CO) : 35
　　　③ 시안화수소(HCN) : 53.2
　　　④ 에틸렌(C_2H_4) : 50.5

| 정답 |　05. ③　06. ③　07. ①　08. ①　09. ①　10. ①　11. ④

12 용기에 의한 고압가스 판매시설 저장실 설치기준으로 틀린 것은?

① 고압가스의 용적이 300m³을 넘는 저장설비는 보호시설과 안전거리를 유지하여야 한다.
② 용기보관실 및 사무실은 동일 부지내에 구분하여 설치한다.
③ 사업소의 부지는 한 면이 폭 5m 이상의 도로에 접하여야 한다.
④ 가연성가스 및 독성가스를 보관하는 용기보관실의 면적은 각 고압가스별로 10m² 이상으로 한다.

| 해설 | 고압가스 판매저장실 부지는 폭 5m 도로와 접하지 않아도 된다.

13 다음 가스에 대한 가스 용기의 재질로 적절하지 않은 것은?

① LPG : 탄소강
② 산소 : 크롬강
③ 염소 : 탄소강
④ 아세틸렌 : 구리합금강

| 해설 | 아세틸렌은 구리와 반응해서 구리 아세틸라이드를 생성하므로 구리 함유량이 62% 이하로 한다.

14 일정한 압력에서 20°C인 기체의 부피가 2배 되었을 때의 온도는 몇 °C인가?

① 293   ② 313
③ 323   ④ 486

| 해설 | $\dfrac{1L}{20+273} = \dfrac{2L}{T_2}$

$\therefore T_2 = \dfrac{2 \times (20+273)}{1} = 586 - 273 = 313°C$

15 가스를 그대로 대기 중에 분출시켜 연소에 필요한 공기를 전부 불꽃의 주변에서 취하는 연소방식은?

① 적화식
② 분젠식
③ 세미분젠식
④ 전1차 공기식

| 해설 | 적화식 : 연소에 필요한 공기 모두를 2차 공기로 취하는 연소방식

16 금속재료에서 고온일 때 가스에 의한 부식으로 틀린 것은?

① 산소 및 탄산가스에 의한 산화
② 암모니아에 의한 강의 질화
③ 수소가스에 의한 탈탄작용
④ 아세틸렌에 의한 황화

| 해설 | 아세틸렌에 의한 황화는 발생하지 않고 아황산가스나 황화수소에 의한 황화 현상이 발생한다.

17 표준상태(0°C, 1기압)에서 프로판의 가스 밀도는 약 몇 g/L인가?

① 1.52
② 1.97
③ 2.52
④ 2.97

| 해설 | C_3H_8(프로판) 22.4L = 44g(분자량)

$\rho = \dfrac{44}{22.4} = 1.97(g/L)$

| 정답 | 12. ③ 13. ④ 14. ② 15. ① 16. ④ 17. ②

18 고압가스 특정제조시설에서 고압가스설비의 설치기준에 대한 설명으로 틀린 것은?

① 아세틸렌의 충전용교체밸브는 충전하는 장소에 직접 설치한다.
② 에어졸제조시설에는 정량을 충전할 수 있는 자동충전기를 설치한다.
③ 공기액화분리기로 처리하는 원료공기의 흡입구는 공기가 맑은 곳에 설치한다.
④ 공기액화분리기에 설치하는 피트는 양호한 환기구조로 한다.

| 해설 | 아세틸렌 충전용 교체밸브는 충전장소에서 격리해서 설치할 것

19 신규검사에 합격된 용기의 각인사항과 그 기호의 연결이 틀린 것은?

① 내용적 : V
② 최고충전압력 : FP
③ 내압시험압력 : TP
④ 용기의 질량 : M

| 해설 | 용기의 질량 : W

20 아세틸렌에 대한 설명 중 틀린 것은?

① 액체 아세틸렌은 비교적 안정하다.
② 접촉법으로 수소화하면 에틸렌, 에탄이 된다.
③ 압축하면 탄소와 수소로 자기분해한다.
④ 구리 등의 금속과 화합시 금속아세틸라이드를 생성한다.

| 해설 | 액체 아세틸렌은 불안정하나 고체 아세틸렌은 비교적 안정하다. 또한 고체 아세틸렌은 비점과 융점이 근접하므로 승화성 특성을 갖는다.

21 다음 중 용기의 도색이 백색인 가스는? (단, 의료용 가스용기는 제외한다.)

① 액화염소   ② 질소
③ 산소   ④ 액화암모니아

| 해설 | • 용기도색
  ㉠ 액화염소 : 갈색
  ㉡ 질소 : 회색
  ㉢ 산소 : 녹색
  ㉣ 액화암모니아 : 백색

22 고압가스특정제조시설에서 사용압력 0.2MPa 미만의 가연성가스 배관을 지상에 노출하여 설치 시 유지하여야 할 공지의 폭 기준은?

① 2m 이상
② 5m 이상
③ 9m 이상
④ 15m 이상

| 해설 | ㉠ 0.2MPa : 5m
  ㉡ 0.2MPa 이상 1MPa 미만 : 9m
  ㉢ 1MPa 이상 : 15m

23 아세틸렌 용접용기의 내압시험 압력으로 옳은 것은?

① 최고 충전압력의 1.5배
② 최고 충전압력의 1.8배
③ 최고 충전압력의 5/3배
④ 최고 충전압력의 3배

| 해설 | • 아세틸렌 용기
  ㉠ 내압 시험 압력 = 최고 충전 압력의 3배
  ㉡ 기밀 시험 압력 = 최고 충전 압력의 1.8배

| 정답 | 18. ① 19. ④ 20. ① 21. ④ 22. ② 23. ④

24 쉽게 고압이 얻어지고 유량조정 범위가 넓어 LPG 충전소에 주로 설치되어 있는 압축기는?

① 스크류압축기
② 스크롤압축기
③ 베인압축기
④ 왕복식압축기

| 해설 | 유량조정 범위가 넓고 쉽게 고압을 얻을 수 있는 압축기로는 왕복동식이 유리하다.

25 고압가스 일반제조시설에서 저장탱크를 지상에 설치한 경우 다음 중 방류둑을 설치하여야 하는 것은?

① 액화산소 저장능력 900톤
② 염소 저장능력 4톤
③ 암모니아 저장능력 10톤
④ 액화질소 저장능력 100톤

| 해설 | • 가스 일반제조시설 저장탱크의 방류둑 설치
  ㉠ 가연성가스 또는 산소의 액화가스 저장탱크 저장능력 1000t 이상
  ㉡ 독성가스의 액화가스 저장탱크 저장능력 5t 이상

26 브로민화수소의 성질에 대한 설명으로 틀린 것은?

① 독성가스이다.
② 기체는 공기보다 가볍다.
③ 유기물 등과 격렬하게 반응한다.
④ 가열시 폭발 위험성이 있다.

| 해설 | 브로민화수소(HBr)는 분자량이 80.9로 공기보다 2.79배 무겁다.

27 압력에 대한 설명으로 옳은 것은?

① 절대압력 = 게이지압력 + 대기압이다.
② 절대압력 = 대기압 + 진공압이다.
③ 대기압은 진공압보다 낮다.
④ 1atm은 1033.2kg/m²이다.

| 해설 | 절대압력 = 게이지압력 + 대기압 = 대기압력 − 압력

28 액화석유가스 용기를 실외저장소에 보관하는 기준으로 틀린 것은?

① 용기보관장소의 경계 안에서 용기를 보관할 것
② 용기는 눕혀서 보관할 것
③ 충전용기는 항상 40℃ 이하를 유지할 것
④ 충전용기는 눈·비를 피할 수 있도록 할 것

| 해설 | LPG 용기 보관 시 세워서 보관할 것

29 고압가스 공급자 안전검사시 가스누출검지기를 갖추어야 할 대상은?

① 산소
② 가연성 가스
③ 불연성 가스
④ 비독성 가스

| 해설 | 가스공급자 안전 점검시 가연성 가스 누출검지기를 갖출 것

| 정답 | 24. ④ 25. ③ 26. ② 27. ① 28. ② 29. ②

30 LP가스가 누출될 때 감지할 수 있도록 첨가하는 냄새가 나는 물질의 측정방법이 아닌 것은?

① 유취실법
② 주사기법
③ 냄새주머니법
④ 오더(oder)미터법

| 해설 | 패널에 의한 부취제 측정방법 : 주사기법, 냄새주머니법, 오더미터법

31 고압가스를 운반하는 차량의 경계표지 크기의 가로 치수는 차체 폭의 몇 % 이상으로 하여야 하는가?

① 10%   ② 20%
③ 30%   ④ 50%

| 해설 | • 가스운반차량의 경계표지 크기 가로치수 : 차체 폭의 30% 이상
• 세로치수 : 가로치수의 20% 이상

32 도시가스 배관의 설치장소나 관경에 따라 적절한 배관재료와 접합방법을 선정하여야 한다. 다음 중 배관재료 선정기준으로 틀린 것은?

① 배관 내의 가스흐름이 원활한 것으로 한다.
② 내부의 가스압력과 외부로부터의 하중 및 충격하중 등에 견디는 강도를 갖는 것으로 한다.
③ 토양·지하수 등에 대하여 강한 부식성을 갖는 것으로 한다.
④ 절단가공이 용이한 것으로 한다.

| 해설 | 도시가스 배관은 토양이나 지하수 등에 대하여 부식성이 적은 재질의 배관을 설치한다.

33 독성가스의 저장탱크에는 그 가스의 용량이 탱크 내용적의 몇 %까지 채워야 하는가?

① 80%
② 85%
③ 90%
④ 95%

| 해설 | 액상의 독성가스 충전 시 저장탱크의 내용적

34 도시가스에 사용되는 부취제 중 DMS의 냄새는?

① 석탄가스 냄새
② 마늘 냄새
③ 양파 썩는 냄새
④ 암모니아 냄새

| 해설 | DMS(디메틸설파이드) : 마늘 냄새

35 다음 중 가스에 대한 정의가 잘못된 것은?

① 압축가스란 일정한 압력에 의하여 압축되어 있는 가스를 말한다.
② 액화가스란 가압·냉각 등의 방법에 의하여 액체상태로 되어 있는 것으로서 대기압에서의 비점이 40℃ 이하 또는 상용 온도 이하인 것을 말한다.
③ 독성가스란 인체에 유해한 독성을 가진 가스로서 허용농도가 100만분의 3000 이하인 것을 말한다.
④ 가연성가스란 공기 중에서 연소하는 가스로서 폭발한계의 상한과 하한의 차가 20% 이상인 것을 말한다.

| 정답 | 30. ①   31. ③   32. ③   33. ③   34. ②   35. ③

36 고압가스안전관리법상 "충전용기"라 함은 고압가스의 충전질량 또는 충전압력의 얼마 이상이 충전되어 있는 상태의 용기를 말하는가?

① $\frac{1}{5}$ ② $\frac{1}{4}$
③ $\frac{1}{2}$ ④ $\frac{3}{4}$

| 해설 | 충전용기 : 충전질량 또는 충전압력의 1/2 이상의 용기이다.

37 다음 중 임계압력(atm)이 가장 높은 가스는?

① CO ② C_2H_4
③ HCN ④ Cl_2

| 해설 | • 임계압력
　㉠ CO : 35atm
　㉡ C_2H_4 : 50.5atm
　㉢ HCN : 53.2atm
　㉣ Cl_2 : 76.1atm

38 용기에 표시된 각인 기호 중 연결이 잘못된 것은?

① FP – 최고 충전압력
② TP – 검사일
③ V – 내용적
④ W – 질량

| 해설 | • 용기 각인사항
　㉠ FP – 최고 충전압력
　㉡ TP – 내압시험압력
　㉢ V – 내용적
　㉣ W – 질량

39 초저온 저장탱크의 측정에 많이 사용되며 차압에 의해 액면을 측정하는 액면계는?

① 햄프슨식 액면계
② 전기저항식 액면계
③ 초음파식 액면계
④ 크링카식 액면계

| 해설 | 초저온 저장탱크 측정에서 차압의 원리에 의해 측정되는 방식은 햄프슨식 액면계이다.

40 고압가스 저장탱크 2개를 지하에 인접하여 설치하는 경우 상호 간에 유지하여야 할 최소거리의 기준은?

① 0.6m 이상
② 1m 이상
③ 1.2m 이상
④ 1.5m 이상

| 해설 | 저장탱크 2개를 지하에 설치할 때 최소이격 거리는 1m 이상

41 고정식 압축 천연가스 자동차 충전의 시설 기준에서 저장설비, 처리설비, 압축가스설비 및 충전설비는 인화성물질 또는 가연성물질 저장소로부터 얼마 이상의 거리를 유지하여야 하는가?

① 5m ② 8m
③ 12m ④ 20m

| 해설 | 고정식 압축천연가스의 설비에서 인화성 또는 가연성 물질 저장소와는 8m 이상의 거리를 유지하여야 한다.

| 정답 |　36. ③　37. ④　38. ②　39. ①　40. ②　41. ②

42 다음 중 액화석유가스의 주성분이 아닌 것은?

① 부탄　　② 헵탄
③ 프로판　④ 프로필렌

| 해설 | 헵탄(C_7H_{16})은 LPG 주성분이 아니다.

43 정압기실 주위에는 경계책을 설치하여야 한다. 이때 경계책을 설치한 것으로 보지 않는 경우는?

① 철근콘크리트로 지상에 설치된 정압기실
② 도로의 지하에 설치되어 사람과 차량의 통행에 영향을 주는 장소로서 경계책 설치가 부득이한 정압기실
③ 정압기가 건축물 안에 설치되어 있어 경계책을 설치할 수 있는 공간이 없는 정압기실
④ 매몰형 정압기

| 해설 | 도시가스 정압기는 매몰을 금지한다.

44 용기의 재검사 주기에 대한 기준으로 틀린 것은?

① 용접용기의 신규검사 후 15년 이상 20년 미만의 용기는 2년마다 재검사
② 500L 이상 이음매 없는 용기는 5년마다 재검사
③ 저장탱크가 없는 곳에 설치한 기화기는 2년마다 재검사
④ 압력용기는 4년마다 재검사

| 해설 | 저장탱크 없는 곳에 설치한 기화기 3년마다 재검사

45 천연가스(NG)를 공급하는 도시가스의 주요 특성이 아닌 것은?

① 공기보다 가볍다.
② 메탄이 주성분이다.
③ 발전용, 일반공업용 연료로도 널리 사용된다.
④ LPG보다 발열량이 높아 최근 사용량이 급격히 많아졌다.

| 해설 | • 천연가스 발열량 :
　　　(10500) 9500 ~ 11000kcal/m³
　　• LPG 발열량 :
　　　프로판 – 21700 ~ 23700kcal/m³
　　　부탄 – 28100 ~ 30700kcal/m³

46 압력계의 측정 방법에는 탄성을 이용하는 것과 전기적 변화를 이용하는 방법 등이 있다. 다음 중 전기적 변화를 이용하는 압력계는?

① 부르동관 압력계
② 벨로우즈 압력계
③ 스트레인 게이지
④ 다이어프램 압력계

| 해설 | 스트레인 게이지 : 금속이나 합금, 금속산화물(반도체) 등에 기계적 변형이 일어나면 전기저항이 변화되는 것을 이용한 것이다.

47 도시가스의 제조공정이 아닌 것은?

① 열분해 공정　② 접촉분해 공정
③ 수소화분해 공정　④ 상압증류 공정

| 해설 | 도시가스 제조공정 : 열분해 공정, 접촉분해 공정, 수소화분해 공정, 부분연소 공정, 대체 천연가스 공정

| 정답 | 42. ②　43. ④　44. ③　45. ④　46. ③　47. ④

48 다음 중 실측식 가스미터가 아닌 것은?

① 루트식
② 로터리 피스톤식
③ 습식
④ 터빈식

| 해설 | • 실측식 가스미터 : 막식, 회전자식(루트미터 로타리 피스톤식 미터), 습식 가스미터
• 추량식 가스미터 : 터빈식, 벤튜리식, 오리피스식, 와류유량계

49 다음 중 가장 높은 압력을 나타내는 것은?

① 101.325kPa
② 10.33mH$_2$O
③ 1013hPa
④ 30.69psi

| 해설 | • 101.325kPa = 1atm
• 10.33mH$_2$O = 1atm
• 1013hPa = 1atm
• 30.69psi = $\frac{30.69psi}{14.7psi}$ = 2.09atm

50 다음 열전대 중 측정온도가 가장 높은 것은?

① 백금 – 백금·로듐형
② 크로멜 – 알루멜형
③ 철 – 콘스탄탄형
④ 동 – 콘스탄탄형

| 해설 | 열전대 온도계에서 백금 – 백금·로듐형은 측정 온도범위가 0 ~ 1,600℃로 가장 높다.

51 고압가스설비는 그 고압가스의 특성에 적합한 기계적 성질을 가져야 한다. 충전용 지관에는 탄소 함유량이 얼마 이하의 강을 사용하여야 하는가?

① 0.1%
② 0.33%
③ 0.5%
④ 1%

| 해설 | 충전용 지관의 탄소 함유량은 0.1% 이하의 강을 사용한다.

52 진탕형 오토클레이브의 특징이 아닌 것은?

① 가스 누출의 가능성이 없다.
② 고압력에 사용할 수 있고 반응물의 오손이 없다.
③ 뚜껑판에 뚫어진 구멍에 촉매가 끼여 들어갈 염려가 있다.
④ 교반효과에 뛰어나며 교반형에 비하여 효과가 크다.

| 해설 | • 진탕형 오토클레이브 특징
① 가스 누설의 가능성이 없다.
② 고압력에 사용할 수 있고 반응물의 오손이 없다.
③ 장치 전체가 진동하므로 압력계는 본체로부터 떨어져 설치한다.
④ 덮개에 뚫린 부분에 촉매가 끼워 들어갈 염려가 있다.

| 정답 | 48. ④ 49. ④ 50. ① 51. ① 52. ④

53 오리피스 미터로 유량을 측정할 때 갖추지 않아도 되는 조건은?

① 관로가 수평일 것
② 정상류 흐름일 것
③ 관속에 유체가 충만되어 있을 것
④ 유체의 전도 및 압축의 영향이 클 것

| 해설 | 차압식 유량계인 오리피스 미터는 관속유체가 정상류 흐름으로 유체전도 및 압축의 영향이 크면 안 된다.

54 배관용 보온재의 구비 조건으로 옳지 않은 것은?

① 장시간 사용온도에 견디며, 변질되지 않을 것
② 가공이 균일하고 비중이 적을 것
③ 시공이 용이하고 열전도율이 클 것
④ 흡습, 흡수성이 적을 것

| 해설 | • 보온재의 구비 조건
  ① 기공이 균일하고 비중이 적을 것
  ② 시공이 용이하고 열전도율이 적을 것
  ③ 흡습성이 적을 것

55 공기 액화분리장치의 폭발원인으로 볼 수 없는 것은?

① 공기취입구로부터 O_2 혼입
② 공기취입구로부터 C_2H_2 혼입
③ 액체 공기 중에 O_3 혼입
④ 공기 중에 있는 NO_2의 혼입

| 해설 | • 공기 액화분리장치 폭발 원인
  ① 공기 취입구로부터 아세틸렌의 혼입
  ② 압축기용 윤활유 분해에 따른 탄화수소의 생성
  ③ 공기 중의 산화질소, 이산화질소 등 질소화합물의 흡입
  ④ 액체공기 중 오존의 혼입

56 일정 압력, 20°C에서 체적 1L의 가스는 40°C에서는 약 몇 L가 되는가?

① 1.07
② 1.21
③ 1.30
④ 2

| 해설 | $\frac{1}{273+20} = \frac{V_2}{273+40}$
∴ $V_2 = 1.068L$

57 "열은 스스로 다른 물체에 아무런 변화도 주지 않고 저온 물체에서 고온 물체로 이동하지 않는다."라고 표현되는 법칙은?

① 열역학 제0법칙
② 열역학 제1법칙
③ 열역학 제2법칙
④ 열역학 제3법칙

| 해설 | 열역학 제2법칙 : 열은 스스로 다른 물체에 아무런 변화도 주지 않고 저온 물체에서 고온 물체로 이동하지 않는 법칙

58 나사압축기에서 숫로터의 직경 150mm, 로터 길이 100mm 회전수가 350rpm이라고 할 때 이론적 토출량은 약 몇 m^3/min인가? (단, 로터 형상에 의한 계수[Cv]는 0.476이다.)

① 0.11   ② 0.21
③ 0.37   ④ 0.47

| 해설 | 나사압축기 토출량
= $0.476 \times 0.15^2 \times 0.1 \times 350$
= $0.374 m^3$/min

| 정답 | 53. ④ 54. ③ 55. ① 56. ① 57. ③ 58. ③

59 스테판-볼쯔만의 법칙을 이용하여 측정 물체에서 방사되는 전방사 에너지를 렌즈 또는 반사경을 이용하여 온도를 측정하는 온도계는?

① 색 온도계
② 방사 온도계
③ 열전대 온도계
④ 광전광 온도계

| 해설 | 방사온도계 : 스테판·볼쯔만의 법칙을 이용한 비접촉식 고온계

60 정압기를 평가·선정할 경우 고려해야 할 특성이 아닌 것은?

① 정특성
② 동특성
③ 유량특성
④ 압력특성

| 해설 | • 정압기의 특성
　① 정특성
　② 동특성
　③ 유량특성

| 정답 |　59. ②　60. ④

FINAL CHECK

가스기능사 모의고사 13회

01 고압가스 운반기준에 대한 설명 중 틀린 것은?

① 밸브가 돌출한 충전용기는 고정식 프로텍터나 캡을 부착하여 밸브의 손상을 방지한다.
② 충전용기를 차에 실을 때에는 넘어지거나 부딪침 등으로 충격을 받지 않도록 주의하여 취급한다.
③ 소방기본법이 정하는 위험물과 충전용기를 동일 차량에 적재시에는 1m 정도 이격시킨 후 운반한다.
④ 염소와 아세틸렌, 암모니아 또는 수소는 동일 차량에 적재하여 운반하지 않는다.

| 해설 | 위험물과 충전용기는 동일차량에 적재하지 않는다.

02 아세틸렌(C_2H_2)에 대한 설명 중 옳지 않은 것은?

① 시안화수소와 반응시 아세트알데히드를 생성한다.
② 폭발범위(연소범위)는 약 2.5~81%이다.
③ 공기 중에서 연소하면 잘 탄다.
④ 무색이고 가연성이다.

| 해설 | 아세틸렌을 황산수은을 촉매로 수소화시키면 아세트알데히드가 생성된다.

- C_2H_2 + H_2O $\xrightarrow{Hg_2SO_4}$ CH_3CHO
  (아세틸렌) (물)   (아세트알데히드)

- C_2H_2 + HCN $\longrightarrow$ CH_2CHCN
  (아세틸렌) (시안화수소)   (아크릴로니트릴)

03 프로판 가스의 위험도(H)는 약 얼마인가?

① 2.2 ② 3.5
③ 9.5 ④ 17.7

| 해설 | • 프로판 위험도
폭발범위 2.1~9.5%
$$H = \frac{U-L}{L} = \frac{9.5-2.1}{2.1} = 3.52$$

04 가스의 종류를 가연성에 따라 구분한 것이 아닌 것은?

① 가연성가스   ② 조연성가스
③ 불연성가스   ④ 압축가스

| 해설 | • 가연성구분
㉠ 가연성 ㉡ 조연성 ㉢ 불연성

05 아세틸렌 용기에 다공질 물질로 고루 채운 후 아세틸렌을 충전하기 전에 침윤시키는 물질은?

① 알코올
② 아세톤
③ 규조토
④ 탄산마그네슘

| 해설 | 아세틸렌 용제 : 아세톤, DMF

| 정답 | 01. ③ 02. ① 03. ② 04. ④ 05. ②

06 다음 중 안전관리상 압축을 금지하는 경우가 아닌 것은?

① 수소 중 산소의 용량이 3% 함유되어 있는 경우
② 산소 중 에틸렌의 용량이 3% 함유되어 있는 경우
③ 아세틸렌 중 산소의 용량이 3% 함유되어 있는 경우
④ 산소 중 프로판의 용량이 3% 함유되어 있는 경우

| 해설 | 산소와 프로판가스의 경우 산소용량이 전용량의 4% 이상이면 압축이 금지된다.

07 독성가스를 운반하는 차량에 반드시 갖추어야 할 용구나 물품에 해당되지 않는 것은?

① 방독면   ② 제독제
③ 고무장갑 ④ 소화장비

| 해설 | 독성가스를 운반하는 차량에 갖추어야 하는 물품 및 용구 : 방독마스크, 보호의, 제독제, 보호장갑, 보호장화

08 관내를 흐르는 유체의 압력강하에 대한 설명으로 틀린 것은?

① 가스비중에 비례한다.
② 관 길이에 비례한다.
③ 관내경의 5승에 반비례한다.
④ 압력에 비례한다.

| 해설 | 압력과 관계가 없다.

09 고압가스 설비에 설치하는 압력계의 최고눈금의 범위는?

① 상용압력의 1배 이상, 1.5배 이하
② 상용압력의 1.5배 이상, 2배 이하
③ 상용압력의 2배 이상, 3배 이하
④ 상용압력의 3배 이상, 5배 이하

| 해설 | 가스설비에 설치하는 압력계는 상용압력의 1.5배 이상 2배 압력범위

10 노출된 도시가스 배관의 보호를 위한 안전조치 시 노출되어 있는 배관부분의 길이가 몇 m를 넘을 때 점검자가 통행이 가능한 점검통로를 설치하여야 하는가?

① 10   ② 15
③ 20   ④ 30

| 해설 | 노출된 도시가스 배관이 15m 이상 넘을 때 점검자가 통행이 가능하도록 점검통로를 설치한다.

11 고압식 액화산소분리 장치의 원료공기에 대한 설명 중 틀린 것은?

① 압축기에서 압축되어진 다음 탄산가스가 제거된다.
② 압축된 원료공기는 예냉기에서 열교환하여 냉각된다.
③ 건조기에서 수분이 제거된 후에는 팽창기와 정류탑의 하부로 열교환하며 들어간다.
④ 압축기로 압축한 후 물로 냉각한 다음 축냉기에 보내진다.

| 해설 | ④ 원료공기는 압축기 압축 후 탄산가스 흡수기를 거쳐 예냉기와 수분리기, 건조기를 거쳐 팽창된다(물로 냉각된 다음 축냉기로 이동되는 과정은 없다).

| 정답 | 06. ④ 07. ④ 08. ④ 09. ② 10. ② 11. ④

12 오르자트 가스분석기에는 수산화칼륨(KOH) 용액이 들어 있는 흡수피펫이 내장되어 있는데 이것은 어떤 가스를 측정하기 위한 것인가?

① CO_2
② C_2H_6
③ O_2
④ CO

| 해설 | CO_2 : KOH 용액으로 흡수분석

13 다음 중 엔트로피의 단위는?

① kcal/h   ② kcal/kg
③ kcal/kg · m   ④ kcal/kg · K

| 해설 | • 엔탈피의 단위 : kcal/kg
• 엔트로피 단위 : kcal/kg·K

14 가스 중 음속보다 화염전파 속도가 큰 경우 충격파가 발생하는데 이때 가스의 연소 속도로써 옳은 것은?

① 0.3 ~ 100m/s
② 100 ~ 300m/s
③ 700 ~ 800m/s
④ 1,000 ~ 3,500m/s

| 해설 | 폭굉속도 : 1,000 ~ 3,500m/s

15 도시가스시설 설치시 일부 공정 시공감리 대상이 아닌 것은?

① 일반도시가스사업자의 배관
② 가스도매사업자의 가스공급시설
③ 일반도시가스사업자의 배관(부속시설 포함) 이외의 가스공급시설
④ 시공감리의 대상이 되는 사용자 공급관

| 해설 | 도시가스 설비 설치시 시공감리 대상에서 제외되는 것은 일반도시가스 사업자의 배관이다.

16 아래와 같이 표현되는 법칙은?

> 자연계에 아무런 변화도 남기지 않고 어느 열원의 열을 계속해서 일로 바꿀 수 없다. 즉 고온물체의 열을 계속해서 일로 바꾸려면 저온물체로 열을 버려야만 한다.

① 열역학 제0법칙   ② 열역학 제1법칙
③ 열역학 제2법칙   ④ 열역학 제3법칙

| 해설 | 열역학 제2법칙 : 사이클로 작동하면서 열원으로부터 받은 열량을 전부 일로 변환시키며 다른 곳에 어떠한 변화도 남기지 않는 사이클을 이루는 기관, 즉 2종 영구기관은 만들 수 없다는 법칙

17 다음 특정설비 중 재검사 대상에서 제외되는 것이 아닌 것은?

① 역화방지장치
② 자동차용 가스 자동주입기
③ 차량에 고정된 탱크
④ 독성가스 배관용 밸브

| 해설 | 특정설비 중 차량에 고정된 탱크는 재검사 대상에 해당된다.

| 정답 | 12. ① 13. ④ 14. ④ 15. ① 16. ③ 17. ③

18 액화석유가스의 냄새측정 기준에서 사용하는 용어에 대한 설명으로 옳지 않은 것은?

① 시험가스란 냄새를 측정할 수 있도록 액화석유가스를 기화시킨 가스를 말한다.
② 시험자란 미리 선정한 정상적인 후각을 가진 사람으로서 냄새를 판정하는 자를 말한다.
③ 시료기체란 시험가스를 청정한 공기로 희석한 판정용 기체를 말한다.
④ 희석배수란 시료기체의 양을 시험가스의 양으로 나눈 값을 말한다.

| 해설 | 시험자란 냄새가 나는 물질의 농도를 측정하는 자를 말한다.

19 가스 액화 사이클 중 비점이 점차 낮은 냉매를 사용하여 저비점의 기체를 액화하는 사이클로서 다원 액화 사이클이라고도 하는 것은?

① 클라우드식 공기액화 사이클
② 캐피자식 공기액화 사이클
③ 필립스의 공기액화 사이클
④ 캐스케이드식 공기액화 사이클

| 해설 | 캐스케이드(다원 액화 사이클) 액화 사이클 : 가스 액화 사이클에서 비점이 점차 낮은 냉매를 사용하는 액화 사이클

20 액상의 염소가 피부에 닿았을 경우의 조치로써 가장 적절한 것은?

① 암모니아로 씻어낸다.
② 이산화탄소로 씻어낸다.
③ 소금물로 씻어낸다.
④ 맑은 물로 씻어낸다.

| 해설 | 염소는 물에 녹아 상수도 소독에 쓰이며 피부 접촉 시 맑은 물로 씻어낸다.

21 다음 중 허용농도 1PPb에 해당하는 것은?

① $\dfrac{1}{10^3}$ ② $\dfrac{1}{10^6}$
③ $\dfrac{1}{10^9}$ ④ $\dfrac{1}{10^{10}}$

| 해설 | 1PPb(십억분율의 1) = $\dfrac{1}{10^9}$

22 내압시험압력 및 기밀시험압력의 기준이 되는 압력으로서 사용 상태에서 해당설비 등의 각부에 작용하는 최고사용압력을 의미하는 것은?

① 작용압력   ② 상용압력
③ 사용압력   ④ 설정압력

| 해설 | 상용압력 : 내압시험, 기밀시험 압력의 기준이 되는 압력

23 펌프의 회전 수를 1,000rpm에서 1,200rpm으로 변화시키면 동력은 약 몇 배가 되는가?

① 1.3   ② 1.5
③ 1.7   ④ 2.0

| 해설 | $P = P \times \left(\dfrac{N_2}{N_1}\right)^3 = 1 \times \left(\dfrac{1200}{1000}\right)^3 = 1.728$

24 1몰의 프로판을 완전 연소시키는데 필요한 산소의 몰수는?

① 3몰   ② 4몰
③ 5몰   ④ 6몰

| 해설 | $C_3H_8 + 5O_2 \rightarrow 3CO_2 + 4H_2O$

| 정답 | 18. ② 19. ④ 20. ④ 21. ③ 22. ② 23. ③ 24. ③

25 100A용 가스누출 경보차단장치의 차단시간은 얼마 이내이어야 하는가?

① 20초
② 30초
③ 1분
④ 3분

| 해설 | 가스누출 경보차단장치에서 100A용의 차단시간은 30초 이내

26 재충전 금지용기의 안전을 확보하기 위한 기준으로 틀린 것은?

① 용기와 용기부속품을 분리할 수 있는 구조로 한다.
② 최고충전압력이 22.5MPa 이하이고 내용적이 25L 이하로 한다.
③ 납붙임 부분은 용기 몸체 두께의 4배 이상의 길이로 한다.
④ 최고 충전압력이 3.5MPa 이상인 경우에는 내용적이 5L 이하로 한다.

| 해설 | 재충전 금지용기에서 용기와 용기부속품은 일체로 제조된 것에 한한다.

27 방폭 전기기기의 구조별 표시방법 중 내압방폭구조의 표시방법은?

① d
② o
③ p
④ e

| 해설 | ① d : 내압방폭구조
② o : 유입방폭구조
③ p : 압력방폭구조
④ e : 안전증방폭구조

28 수소와 다음 중 어떤 가스를 동일차량에 적재하여 운반하는 때에 그 충전용기의 밸브가 서로 마주보지 않도록 적재하여야 하는가?

① 산소
② 아세틸렌
③ 브롬화메탄
④ 염소

| 해설 | 수소와 산소를 동일차량에 적재운반 시 밸브가 마주보지 않도록 한다.

29 다음 중 압력이 가장 큰 것은?

① 1.01MPa
② 5atm
③ 100inHg
④ 88psi

| 해설 | 1.01MPa = 10.1kg/cm^2
5atm = 5.165kg/cm^2
100inHg = 3.44kg/cm^2
88psi = 6.18kg/cm^2

30 도시가스 누출 시 폭발사고를 예방하기 위하여 냄새가 나는 물질인 부취제를 혼합시킨다. 이때 부취제의 공기 중 혼합비율의 용량은?

① 1/1000
② 1/2000
③ 1/3000
④ 1/5000

| 해설 | 도시가스 부취제의 공기 중 혼합비율은 $\frac{1}{1000}$ 이다.

31 액화석유가스 공급시설 중 저장설비의 주위에는 경계책 높이를 몇 m 이상으로 설치하도록 하고 있는가?

① 0.5
② 1.0
③ 1.5
④ 2.0

| 해설 | LPG 공급시설 경계책 높이 : 1.5m 이상

| 정답 | 25. ② 26. ① 27. ① 28. ① 29. ① 30. ① 31. ③

32 천연가스의 성질에 대한 설명으로 틀린 것은?

① 주성분은 메탄이다.
② 독성이 없고 청결한 가스이다.
③ 공기보다 무거워 누출시 바닥에 고인다.
④ 발열량은 약 9,500 ~ 10,500kcal/m³ 정도이다.

| 해설 | 천연가스 주성분은 메탄(CH_4)

$$\frac{메탄분자량(16)}{공기평균분자량(29)} = 0.55$$

공기보다 가벼워 위로 뜬다.

33 이상기체 1mol이 100℃, 100기압에서 0.1기압으로 등온 가역적으로 팽창할 때 흡수되는 최대 열량은 약 몇 cal인가? (단, 기체상수는 1.987cal/mol·k이다.)

① 5020
② 5080
③ 5120
④ 5190

| 해설 | $Q = RT\ln\frac{P_2}{P_2}$

= 1.987 × (100 + 273) × ln(100/0.1)
= 5119.689 ≒ 5120cal

34 가연성가스의 제조설비 또는 저장설비 중 전기설비 방폭구조를 하지 않아도 되는 가스는?

① 암모니아, 시안화수소
② 암모니아, 염화메탄
③ 브롬화메탄, 일산화탄소
④ 암모니아, 브롬화메탄

| 해설 | 암모니아의 폭발범위는 15 ~ 28%, 브롬화메탄은 13.5 ~ 14.5%로 하한이 높다. 그러므로 가연성이면서도 방폭구조를 하지 않는다.

35 관 도중에 조리개(교축기구)를 넣어 조리개 전후의 차압을 이용하여 유량을 측정하는 계측기기는?

① 오벌식 유량계
② 오리피스 유량계
③ 막식 유량계
④ 터빈 유량계

| 해설 | 오리피스 차압식 유량계 : 교축기구 사용 유량계

36 일산화탄소에 대한 설명으로 틀린 것은?

① 공기보다 가볍고 무색, 무취이다.
② 산화성이 매우 강한 기체이다.
③ 독성이 강하고 공기중에서 잘 연소한다.
④ 철족의 금속과 반응하여 금속 카르보닐을 생성한다.

| 해설 | 일산화탄소는 환원성이 매우 강하다.

37 이동식 압축도시가스자동차 시설기준에서 처리설비, 이동충전 차량 및 충전설비의 외면으로부터 화기를 취급하는 장소까지 몇 m 이상의 우회거리를 유지하여야 하는가?

① 5m
② 8m
③ 12m
④ 20m

| 해설 | 이동식 압축도시가스자동차 시설에서 처리설비, 이동충전차량 및 충전설비와 화기와의 이격거리는 8m

| 정답 | 32. ③ 33. ③ 34. ④ 35. ② 36. ② 37. ②

38 극저온저장탱크의 액면측정에 사용되며 고압부와 저압부의 차압을 이용하는 액면계는?

① 초음파식액면계
② 크린카식액면계
③ 슬립튜브식액면계
④ 햄프슨식액면계

| 해설 | 햄프슨식액면계 : 극저온저장탱크의 액면계

39 재검사 용기에 대한 파기방법의 기준으로 틀린 것은?

① 절단 등의 방법으로 파기하여 원형으로 가공할 수 없도록 할 것
② 허가관청에 파기의 사유 · 일시 · 장소 및 인수시한 등에 대한 신고를 하고 파기할 것
③ 잔 가스를 전부 제거한 후 절단할 것
④ 파기하는 때에는 검사원이 검사 장소에서 직접 실시할 것

| 해설 | 용기 파기 시 허가관청에 신고 후 파기하지 않는다.

40 액화석유가스 충전사업장에서 가스충전준비 및 충전작업에 대한 설명으로 틀린 것은?

① 자동차에 고정된 탱크는 저장탱크의 외면으로부터 3m 이상 떨어져 정지한다.
② 안전밸브에 설치된 스톱밸브는 항상 열어둔다.
③ 자동차에 고정된 탱크(내용적이 1만리터 이상의 것에 한 한다)로부터 가스를 이입받을 때에는 자동차가 고정되도록 자동차 정지목 등을 설치한다.
④ 자동차에 고정된 탱크로부터 저장탱크에 액화석유가스를 이입받을 때에는 5시간 이상 연속하여 자동차에 고정된 탱크를 저장탱크에 접속하지 아니한다.

| 해설 | 탱크로리 이충전 시 내용적 5000L 이상의 것에는 차량 정지목을 설치한다.

41 LP가스 수송관의 이음부분에 사용할 수 있는 패킹 재료로 적합한 것은?

① 종이   ② 천연고무
③ 구리   ④ 실리콘 고무

| 해설 | LP가스 패킹재료는 합성고무, 실리콘고무가 사용가능하다.

42 상용압력이 10MPa인 고압가스 설비에 압력계를 설치하려고 한다. 압력계의 최고눈금 범위는?

① 11 ~ 15MPa   ② 15 ~ 20MPa
③ 18 ~ 20MPa   ④ 20 ~ 25MPa

| 해설 | 압력계는 1.5배 이상 ~ 2배 이하
10MPa = 15 ~ 20MPa용이 필요하다.

| 정답 | 38. ④ 39. ② 40. ③ 41. ④ 42. ②

43 다음 중 가스의 폭발범위가 틀린 것은?

① 일산화탄소 : 12.5 ~ 74%
② 아세틸렌 : 2.5 ~ 81%
③ 메탄 : 2.1 ~ 9.3%
④ 수소 : 4 ~ 75%

| 해설 | 메탄(CH_4)의 폭발범위 : 5 ~ 15%

44 고압가스 제조장치의 취급에 대한 설명 중 틀린 것은?

① 압력계의 밸브를 천천히 연다.
② 액화가스를 탱크에 처음 충전할 때에는 천천히 충전한다.
③ 안전밸브는 천천히 작동한다.
④ 제조장치의 압력을 상승시킬 때 천천히 상승시킨다.

| 해설 | 가스 제조장치의 안전밸브는 급속히 작동되어야 한다.

45 공기액화분리장치의 폭발원인으로 볼 수 없는 것은?

① 공기취입구로부터 O_2 혼입
② 공기취입구로부터 C_2H_2 혼입
③ 액체 공기 중에 O_3 혼입
④ 공기 중에 있는 NO_2의 혼입

| 해설 | 공기액화분리기에서 제조되는 가스는 산소, 질소, 아르곤이다.

46 펌프의 유량이 100m³/s, 전양정 50m, 효율이 75%일 때 회전수를 20% 증가시키면 소요 동력은 몇 배가 되는가?

① 1.44
② 1.73
③ 2.36
④ 3.73

| 해설 | 동력은
$$p = p' \times \left(\frac{N'}{N}\right)^3 = 1.2^3 = 1.728배$$

47 액화석유가스 지상 저장탱크 주위에는 저장능력이 얼마 이상일 때 방류둑을 설치하여야 하는가?

① 300kg   ② 1,000kg
③ 300톤   ④ 1,000톤

| 해설 | LPG저장탱크가 1000톤 이상이면 방류둑 설치가 필요하다.

48 오리피스 미터로 유량을 측정하는 것은 어떤 원리를 이용한 것인가?

① 베르누이의 정리
② 페러데이의 법칙
③ 아르키메데스의 원리
④ 돌턴의 법칙

| 해설 | 오리피스차압식 유량계 : 베르누이의 정리를 이용한 유량계

| 정답 | 43. ③ 44. ③ 45. ① 46. ② 47. ④ 48. ①

49 내용적이 1,000L 이상인 초저온가스용 용기의 단열성능 시험결과 합격 기준은 몇 kcal/h · ℃ · L 이하인가?

① 0.0005
② 0.001
③ 0.002
④ 0.005

| 해설 | ① 1000(L) 이상 : 0.002kcal/h·℃·L 이하
② 1000(L) 미만 : 0.0005kcal/h·℃·L 이하

50 연소기의 설치방법에 대한 설명으로 틀린 것은?

① 가스온수기나 가스보일러는 목욕탕에 설치할 수 있다.
② 배기통이 가연성 물질로 된 벽 또는 천장 등을 통과하는 때에는 금속 외의 불연성 재료로 단열조치를 한다.
③ 배기팬이 있는 밀폐형 또는 반 밀폐형의 연소기를 설치한 경우 그 배기팬의 배기가스와 접촉하는 부분은 불연성재료로 한다.
④ 개방형 연소기를 설치한 실에는 환풍기 또는 환기구를 설치한다.

| 해설 | 가스온수기, 보일러를 목욕탕에 설치하면 중독사고를 일으킬 수 있다.

51 가스 배관 설비에 전단 응력이 일어나는 원인으로 가장 거리가 먼 것은?

① 파이프 구배
② 냉간가공의 응력
③ 내부압력의 응력
④ 열팽창에 의한 응력

| 해설 | 가스 배관 설비에서 전단 응력이 발생하는 것과 배관의 구배는 무관하다.

52 저온장치에 사용되고 있는 단열법 중 단열을 하는 공간에 분말, 섬유들의 단열재를 충전하는 방법으로 일반적으로 사용되는 단열법은?

① 상압의 단열법
② 고진공 단열법
③ 다층 진공단열법
④ 린데식 단열법

| 해설 | 상압단열법 : 단열공간에 분말, 섬유 등의 단열재를 충진하는 단열법

53 다음 중 가연성가스 취급장소에서 사용 가능한 방폭공구가 아닌 것은?

① 알루미늄 합금공구
② 베릴륨 합금공구
③ 고무공구
④ 나무공구

| 해설 | 알루미늄 합금공구는 가연성가스 취급장소에서는 사용이 불가능한 공구이다.

54 가연성가스의 제조설비 중 1종 장소에서의 변압기의 방폭구조는?

① 내압방폭구조
② 안전증방폭구조
③ 유입방폭구조
④ 압력방폭구조

| 해설 | 가연성 제조설비 1종 장소의 변압기 방폭구조는 내압방폭구조가 쓰인다.

| 정답 | 49. ③ 50. ① 51. ① 52. ① 53. ① 54. ①

55 고압가스 안전관리법 시행규칙에서 정의한 "처리능력"이라 함은 처리설비 또는 감압설비에 의하여 며칠을 처리할 수 있는 가스의 양을 말하는가?

① 1일 ② 7일
③ 10일 ④ 30일

| 해설 | 처리설비능력 : 1일 처리할 수 있는 가스의 양

56 액화가스의 비중이 0.8, 배관 직경이 50mm이고 유량이 15ton/h일 때 배관내의 평균 유속은 약 몇 m/s인가?

① 1.80 ② 2.65
③ 7.56 ④ 8.52

| 해설 | $Q = A \cdot U$

$$U = \frac{Q}{A} = \frac{(15 \times 1000 kg/800 kg/m^3) \div 3600}{\frac{\pi}{4}(0.05)^2}$$

$$= 2.6539 m/s$$

57 대기압 하의 공기로부터 순수한 산소를 분리하는데 이용되는 액체산소의 끓는점은 몇 ℃인가?

① -140
② -183
③ -196
④ -273

| 해설 | • 공기 액화분리공정 비점
  ㉠ 액체산소 : -183℃
  ㉡ 액체질소 : -196℃
  ㉢ 액체아르곤 : -186℃

58 LPG 용기보관소 경계표지의 "연"자 표시의 색상은?

① 흑색 ② 적색
③ 황색 ④ 흰색

| 해설 | LPG 가연성가스의 경계표시 "연"자의 색상은 적색이다.

59 공기 중에서 프로판의 폭발범위(하한과 상한)를 바르게 나타낸 것은?

① 1.8 ~ 8.4% ② 2.1 ~ 9.5%
③ 2.1 ~ 8.4% ④ 1.8 ~ 9.5%

| 해설 | C_3H_8(프로판) 폭발범위 : 2.1 ~ 9.5%

60 섭씨온도와 화씨온도가 같은 경우는?

① -40℃
② 32℉
③ 273℃
④ 45℉

| 해설 | 공식

$$℉ = \frac{9}{5} \times ℃ + 32$$

$$\left\{\frac{9}{5} \times (-40)\right\} + 32 = -40℉$$

| 정답 | 55. ① 56. ② 57. ② 58. ② 59. ② 60. ①

FINAL CHECK

가스기능사 모의고사 14회

01 아세틸렌 용기에 충전하는 다공성 물질이 아닌 것은?

① 석면
② 목탄
③ 폴리에틸렌
④ 다공성 플라스틱

| 해설 | 다공물질 구성 성분에 폴리에틸렌은 포함되지 않는다.

02 용기 내부에 절연유를 주입하여 불꽃, 아크 또는 고온 발생 부분이 기름 속에 잠기게 함으로써 기름면 위에 존재하는 가연성 가스에 인화되지 않도록 한 방폭구조는?

① 압력 방폭구조
② 유입 방폭구조
③ 내압 방폭구조
④ 안전증 방폭구조

| 해설 | 용기 내부에 절연유 주입으로 방폭하는 구조는 유입 방폭구조이다.

03 다음 중 분해에 의한 폭발을 하지 않는 가스는?

① 시안화수소 ② 아세틸렌
③ 히드라진   ④ 산화에틸렌

| 해설 | 시안화수소(HCN) 가스는 H_2O에 의해 중합 폭발 발생

04 전위측정기로 관대지전위(pipe to soilpotential) 측정시 측정방법으로 적합하지 않은 것은? (단, 기준전극은 포화황산동전극이다.)

① 측정선 말단의 부식부분을 연마 후에 측정한다.
② 전위측정기의 (+)는 T/B(Test Box), (−) 기준전극에 연결한다.
③ 콘크리트 등으로 기준전극을 토양에 접지할 수 없을 경우에는 물에 적신 스폰지 등을 사용하여 측정한다.
④ 전위측정은 가능한 한 배관에서 먼 위치에 측정한다.

| 해설 | 전위측정은 배관 가까운 위치에서 측정한다.

05 20kg LPG 용기의 내용적은 몇 L인가? (단, 충전상수 C는 2.35이다.)

① 8.51   ② 20
③ 42.3   ④ 47

| 해설 | $20 = \dfrac{x}{2.35}$
$x = 20 \times 2.35 = 47L$

| 정답 | 01. ③ 02. ② 03. ① 04. ④ 05. ④

06 차량에 고정된 탱크운반차량에서 돌출부속품의 보호조치에 대한 설명으로 틀린 것은?

① 후부취출식 탱크의 주밸브는 차량의 뒷범퍼와 수평 거리가 30cm 이상 떨어져 있어야 한다.
② 부속품이 돌출된 탱크는 그 부속품의 손상으로 가스가 누출되는 것을 방지하는 조치를 하여야 한다.
③ 탱크주밸브와 긴급차단장치에 속하는 밸브를 조작상자 내에 설치한 경우 조작상자와 차량의 뒷범퍼와 수평 거리는 20cm 이상 떨어져야 한다.
④ 탱크주밸브 및 긴급차단장치에 속하는 중요한 부속품이 돌출된 저장탱크는 그 부속품을 차량의 좌측면이 아닌 곳에 설치한 단단한 조작상자 내에 설치하여야 한다.

| 해설 | • 후부취출식 저장탱크 : 주밸브와 뒷범퍼는 40cm 이상 수평거리 유지
• 기타(측부 취출식) : 저장탱크 후면과 뒷범퍼는 30cm 이상 조작상자와 뒷범퍼는 20cm 이상 수평거리 유지

07 다음 중 연소의 3요소에 해당되는 것은?

① 공기, 산소공급원, 열
② 가연물, 연료, 빛
③ 가연물, 산소공급원, 공기
④ 가연물, 공기, 점화원

| 해설 | • 연소의 3요소
㉠ 가연물 ㉡ 산소원(공기) ㉢ 점화원

08 다음 중 상온에서 비교적 낮은 압력으로 가장 쉽게 액화되는 가스는?

① CH_4 ② C_3H_8
③ O_2 ④ H_2

| 해설 | • CH_4 : -162℃
• C_3H_8 : -42.1℃
• H_2 : -252.9℃
• O_2 : -183℃

09 독성가스의 제독작업에 필요한 보호구 장착훈련의 주기는?

① 1개월마다 1회 이상
② 2개월마다 1회 이상
③ 3개월마다 1회 이상
④ 6개월마다 1회 이상

| 해설 | 독성가스 보호구 장착훈련은 3월에 1회 이상 실시한다.

10 진탕형 오토클레이브의 특징에 대한 설명으로 틀린 것은?

① 가스누출의 가능성이 적다.
② 고압력에 사용할 수 있고 반응물의 오손이 적다.
③ 장치전체가 진동하므로 압력계는 본체로부터 떨어져 설치한다.
④ 뚜껑판에 뚫어진 구멍에 촉매가 끼어들어갈 염려가 없다.

| 해설 | 진탕형 오토클레이브는 뚜껑판 구멍에 촉매가 끼어 들어갈 염려가 있다.

| 정답 | 06. ① 07. ④ 08. ② 09. ③ 10. ④

11 원통형 관을 흐르는 물의 중심부의 유속을 피토관으로 측정하였더니 수주의 높이가 10m이었다. 이때 유속은 약 몇 m/s인가?

① 10 ② 14
③ 20 ④ 26

| 해설 | $V = \sqrt{2gh} = \sqrt{2 \times 9.8 \times 10} = 14 m/s$

12 최근 시내버스 및 청소차량 연료로 사용되는 CNG 충전소 설계시 고려하여야 할 사항으로 틀린 것은?

① 압축장치와 충전설비 사이에는 방호벽을 설치한다.
② 충전기에는 90kgf 미만의 힘에서 분리되는 긴급분리 장치를 설치한다.
③ 자동차 충전기(디스펜서)의 충전호스 길이는 5m 이하로 한다.
④ 펌프 주변에는 1개 이상 가스누출검지경보장치를 설치한다.

| 해설 | 충전기에는 90kgf 이상의 힘에 의해 분리되는 긴급분리장치를 설치한다.

13 고압가스의 분출에 대하여 정전기가 가장 발생되기 쉬운 경우는?

① 가스가 충분히 건조되어 있을 경우
② 가스 속에 고체의 미립자가 있을 경우
③ 가스의 분자량이 작은 경우
④ 가스의 비중이 큰 경우

| 해설 | 가스분출시 고체 미립자가 존재하게 되면 정전기가 발생되기 쉽다.

14 다음 그림은 무슨 공기 액화장치인가?

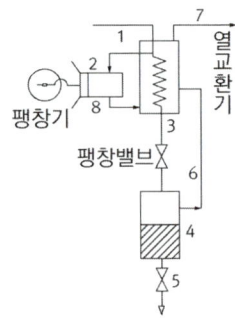

① 클라우드식 액화장치
② 린데식 액화장치
③ 캐피자식 액화장치
④ 필립스식 액화장치

| 해설 | 열교환기에 팽창기를 설치하여 액화효율을 증가시킨 클라우드식 계통도이다.

15 다음 중 냉매로 사용되며 무독성인 기체는?

① CCl_2F_2 ② NH_3
③ CO ④ SO_2

| 해설 | CCl_2F_2는 R-12로 냉동기 냉매이다.

16 어떤 도시가스의 발열량이 15000kcal/Sm³일 때 웨버지수는 얼마인가? (단, 가스의 비중은 0.5로 한다.

① 12121 ② 20000
③ 21213 ④ 30000

| 해설 | $WI = \dfrac{15000}{\sqrt{0.5}} = 21213.2$

| 정답 | 11. ② 12. ② 13. ② 14. ① 15. ① 16. ③

17 액화석유가스를 탱크로리로부터 이·충전할 때 정전기를 제거하는 조치로 접지하는 접지접속선의 규격은?

① 5.5mm² 이상
② 6.7mm² 이상
③ 9.6mm² 이상
④ 10.5mm² 이상

| 해설 | 정전기 제거용 접지선 규격은 5.5mm² 이상

18 "기체 혼합물의 전 부피는 동일 온도 및 압력하에서 각 성분 기체의 부분부피의 합과 같다."는 혼합기체의 법칙은?

① Amagat의 법칙
② Boyle의 법칙
③ Charles의 법칙
④ Dalton의 법칙

| 해설 | 혼합기체에서 전체 부피는 부분성분 부피의 합과 같다는 법칙은 Amagat의 법칙이다.

19 증기 압축식 냉동기에서 냉매가 순환되는 경로로 옳은 것은?

① 압축기 → 증발기 → 응축기 → 팽창밸브
② 증발기 → 응축기 → 압축기 → 팽창밸브
③ 증발기 → 팽창밸브 → 응축기 → 압축기
④ 압축기 → 응축기 → 팽창밸브 → 증발기

| 해설 | • 압축식냉동기 냉매 순환경로

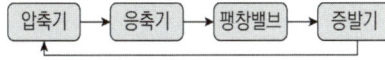

20 다음 중 유해한 유황 화합물 제거방법에서 건식법에 속하지 않는 것은?

① 활성탄 흡착법
② 산화철 접촉법
③ 몰리큘러시이브 흡착법
④ 시이볼트법

| 해설 | 시이볼트법은 습식 탈황법에 해당된다.

21 발연황산시약을 사용한 오르자트법 또는 브롬시약을 사용한 뷰렛법에 의한 시험에서 순도가 98% 이상이고, 질산은 시약을 사용한 정성시험에서 합격한 것을 품질검사기준으로 하는 가스는?

① 시안화수소
② 산화에틸렌
③ 아세틸렌
④ 산소

| 해설 | 아세틸렌 품질검사는 발연황산시약 또는 브롬시약을 사용하고 순도 98% 이상이어야 한다.

22 다음 중 가장 높은 압력은?

① 1atm
② 100kPa
③ 10mH₂O
④ 0.2MPa

| 해설 | • 1atm = 0.1MPa
• 100kPa = 0.1MPa
• 10mH₂O = 0.1MPa

| 정답 | 17. ① 18. ① 19. ④ 20. ④ 21. ③ 22. ④

23 고압가스 용기의 관리에 대한 설명으로 틀린 것은?

① 충전 용기는 항상 40℃ 이하를 유지하도록 한다.
② 충전 용기는 넘어짐 등으로 인한 충격을 방지하는 조치를 하여야 하며 사용한 후에는 밸브를 열어둔다.
③ 충전 용기 밸브는 서서히 개폐한다.
④ 충전 용기 밸브 또는 배관을 가열하는 때에는 열습포나 40℃ 이하의 더운 물을 사용한다.

| 해설 | 충전용기는 사용 후 반드시 밸브는 잠가둔다.

24 에틸렌(C_2H_4)의 용도가 아닌 것은?

① 폴리에틸렌의 제조
② 산화에틸렌의 원료
③ 초산비닐의 제조
④ 메탄올 합성의 원료

| 해설 | 메탄올 합성에 에틸렌은 쓰이지 않는다.

25 배관 내의 상용압력이 4MPa인 도시가스 배관의 압력이 상승하여 경보장치의 경보가 울리기 시작하는 압력은?

① 4MPa 초과시
② 4.2MPa 초과시
③ 5MPa 초과시
④ 5.2MPa 초과시

| 해설 | 4MPa × 1.05배 = 4.2MPa

26 공기 중에서 폭발범위가 가장 넓은 가스는?

① C_2H_4O
② CH_4
③ C_2H_4
④ C_3H_8

| 해설 | • 폭발범위
  ㉠ C_2H_4O(산화에틸렌) : 3 ~ 80%
  ㉡ CH_4(메탄) : 5 ~ 15%
  ㉢ C_2H_4(에틸렌) : 2.7 ~ 36%
  ㉣ C_3H_8(프로판) : 2.1 ~ 9.5%

27 처리능력이라 함은 처리설비 또는 감압설비에 의하여 며칠에 처리할 수 있는 가스량을 말하는가?

① 1일 ② 3일
③ 5일 ④ 7일

| 해설 | 처리능력은 1일 처리할 수 있는 가스량이다.

28 다음 중 냄새로 누출여부를 쉽게 알 수 있는 가스는?

① 질소, 이산화탄소
② 일산화탄소, 아르곤
③ 염소, 암모니아
④ 에탄, 부탄

| 해설 | 냄새로 식별 가능한 가스는 염소와 암모니아가 있다.

| 정답 | 23. ② 24. ④ 25. ② 26. ① 27. ① 28. ③

29 코일장에 감겨진 백금선의 표면으로 가스가 산화반응할 때의 발열에 의해 백금선의 저항값이 변화하는 현상을 이용한 가스검지 방법은?

① 반도체식
② 기체열전도식
③ 접촉연소식
④ 액체열전도식

| 해설 | 접촉연소기 가스검지기는 백금선 표면에서 가스 산화반응으로 인한 온도상승으로 백금선의 저항 값 변화를 측정하는 원리이다.

30 100°F를 섭씨온도로 환산하면 약 몇 °C인가?

① 20.8
② 27.8
③ 37.8
④ 50.8

| 해설 | $\frac{5}{9} \times (100 - 32) = 37.77°C$

31 도시가스 배관의 굴착공사 작업에 대한 설명 중 틀린 것은?

① 가스 배관과 수평거리 1m 이내에서는 파일박기를 하지 아니한다.
② 항타기는 가스배관과 수평거리가 2m 이상 되는 곳에 설치한다.
③ 가스배관의 주위를 굴착하고자 할 때에는 가스배관의 좌우 1m 이내의 부분은 인력으로 굴착한다.
④ 줄파기 1일 시공량 결정은 시공속도가 가장 느린 천공 작업에 맞추어 결정한다.

| 해설 | 가스배관으로부터 1m 이내에 파일을 설치할 경우 유도관을 먼저 설치한 후 되메우기를 실시한다.

32 액화석유가스 또는 도시가스용으로 사용되는 가스용 염화비닐호스는 그 호스의 안전성, 편리성 및 호환성을 확보하기 위하여 안지름 치수를 규정하고 있는데 그 치수에 해당하지 않는 것은?

① 4.8mm
② 6.3mm
③ 9.5mm
④ 12.7mm

| 해설 | • 저압 염화비닐호스 내경 규격
㉠ 1종 : 6.3mm
㉡ 2종 : 9.5mm
㉢ 3종 : 12.7mm
허용차는 ±0.7mm

33 고속 회전하는 임펠러의 원심력에 의해 속도 에너지를 압력 에너지로 바꾸어 압축하는 형식으로서 유량이 크고 설치 면적이 적게 차지하는 압축기의 종류는?

① 왕복식
② 터보식
③ 회전식
④ 흡수식

| 해설 | 터보식 압축기(원심력식) : 고속회전하는 임펠러의 원심력에 의해 압축한다.

34 완전연소 시 공기량이 가장 많이 필요로 하는 가스는?

① 아세틸렌
② 메탄
③ 프로판
④ 부탄

| 해설 | $C_2H_2 + 2.5O_2 \rightarrow 2CO_2 + H_2O$
$CH_4 + 2O_2 \rightarrow CO_2 + 2H_2O$
$C_3H_8 + 5O_2 \rightarrow 3CO_2 + 4H_2O$
$C_4H_{10} + 6.5O_2 \rightarrow 4CO_2 + 5H_2O$

| 정답 | 29. ③ 30. ③ 31. ① 32. ① 33. ② 34. ④

35 주로 탄광 내에서 CH₄의 발생을 검출하는데 사용되며 청염(푸른 불꽃)의 길이로써 그 농도를 알 수 있는데 가스 검지기는?

① 안전등형   ② 간섭계형
③ 열선형   ④ 흡광 광도형

| 해설 | 안전등형은 탄광 내 메탄가스 검출에 쓰인다.

36 포스겐에 대한 설명으로 옳은 것은?

① 순수한 것은 무색, 무취의 기체이다.
② 수산화나트륨에 빨리 흡수된다.
③ 폭발성과 인화성이 크다.
④ 화학식은 COCL이다.

| 해설 | 포스겐은 제독제로 NaOH(수산화나트륨)과 소석회(Ca(OH)₂)가 쓰인다.

37 펌프의 실제 송출유량을 Q, 펌프 내부에서의 누설 유량을 △Q, 임펠러 속을 지나는 유량을 Q + △Q라 할 때 펌프의 체적효율(η_v)를 구하는 식은?

① $\eta_v = \dfrac{Q}{Q + \triangle Q}$

② $\eta_v = \dfrac{Q + \triangle Q}{Q}$

③ $\eta_v = \dfrac{Q - \triangle Q}{Q + \triangle Q}$

④ $\eta_v = \dfrac{Q + \triangle Q}{Q - \triangle Q}$

| 해설 | 체적효율(η_v) = $\dfrac{Q}{Q + \varDelta Q}$

38 공기 중 함유량이 큰 것부터 차례로 나열된 것은?

① 네온 > 아르곤 > 헬륨
② 네온 > 헬륨 > 아르곤
③ 아르곤 > 네온 > 헬륨
④ 아르곤 > 헬륨 > 네온

| 해설 | • 공기 중 희가스 함유량
  ㉠ 아르곤 : 0.934%
  ㉡ 헬륨 : 0.000524%
  ㉢ 네온 : 0.0018%

39 루트 미터에 대한 설명으로 옳은 것은?

① 설치공간이 크다.
② 일반 수용가에 적합하다.
③ 스트레이너가 필요 없다.
④ 대용량의 가스 측정에 적합하다.

| 해설 | 루트미터는 대용량 수요에 적합하다(100 ~ 5000m³/h).

40 저온장치 진공 단열법에 해당되지 않는 것은?

① 고진공 단열법
② 격막 진공 단열법
③ 분말 진공 단열법
④ 다층 진공 단열법

| 해설 | 진공 단열법 : 고진공 단열법, 분말진공 단열법, 다층진공 단열법

| 정답 |　35. ①　36. ②　37. ①　38. ③　39. ④　40. ②

41 운전 중의 제조설비에 대한 일일점검 항목이 아닌 것은?

① 회전 기계의 진동, 이상음, 이상온도 상승
② 인터록의 작동
③ 가스설비로부터 누출
④ 가스설비의 조업조건의 변동 상황

| 해설 | 제조설비 운전점검 항목에 인터록의 작동은 해당되지 않는다.

42 다음은 도시가스사용시설의 월사용예정량을 산출하는 식이다. 이 중 기호 "A"가 의미하는 것은?

$$Q = \frac{(A \times 240) + (B \times 90)}{11000}$$

① 월사용예정량
② 산업용으로 사용하는 연소기의 명판에 기재된 가스소비량의 합계
③ 산업용이 아닌 연소기의 명판에 기재된 가스소비량의 합계
④ 가정용 연소기의 가스소비량 합계

| 해설 | A : 산업용으로 사용하는 연소기의 명판에 기재된 가스소비량의 합계(kcal/h)
B : 산업용이 아닌 연소기의 명판에 기재된 가스소비량의 합계(kcal/h)

43 아세틸렌의 주된 연소 형식은?

① 확산연소   ② 증발연소
③ 분해연소   ④ 표면연소

| 해설 | 아세틸렌 연소는 예혼합연소 또는 확산연소이다.

44 흡입압력이 대기압과 같으며 최종압력이 15kgf/cm²·g인 4단 공기압축기의 압축비는 약 얼마인가? (단, 대기압은 1kgf/cm²·g으로 한다.)

① 2   ② 4
③ 8   ④ 16

| 해설 | $\sqrt[4]{\frac{15+1}{1}} = 2$

45 터보식 펌프로서 비교적 저양정에 적합하며, 효율 변화가 비교적 급한 펌프는?

① 원심 펌프   ② 축류 펌프
③ 왕복 펌프   ④ 베인 펌프

| 해설 | 터보 펌프 중 효율변화가 큰 펌프는 축류 펌프이다.

46 고압가스 용기 보관실에 충전 용기를 보관할 때의 기준으로 틀린 것은?

① 충전 용기와 잔가스 용기는 각각 구분하여 용기보관 장소에 놓는다.
② 용기보관장소 주위의 5m 이내에는 화기 또는 인화성 물질이나 발화성 물질을 두지 아니한다.
③ 충전 용기는 항상 40℃ 이하의 온도를 유지하고, 직사광선을 받지 않도록 조치한다.
④ 가연성가스 용기보관장소에는 방폭형 휴대용 손전등 외의 등화를 휴대하고 들어가지 아니한다.

| 해설 | 용기보관소 주위 2m 이내에 화기 또는 인화성, 발화성 물질을 두지 않을 것

| 정답 | 41. ② 42. ② 43. ① 44. ① 45. ② 46. ②

47 수소와 산소의 비가 얼마일 때 폭명기라고 하는가?

① 2 : 1   ② 1 : 1
③ 1 : 2   ④ 3 : 2

| 해설 | $2H_2 + O_2 \rightarrow 2H_2O$
∴ 2 : 1 비율

48 도시가스도매사업자가 제조소에 다음 시설을 설치하고자 한다. 다음 중 내진 설계를 하지 않아도 되는 시설은?

① 저장능력이 2톤인 지상식 액화천연가스 저장탱크의 지지구조물
② 저장능력이 300m³인 천연가스 홀더의 지지구조물
③ 처리능력이 10m³인 압축기의 지지구조물
④ 처리능력이 15m³인 펌프의 지지구조물

| 해설 | 내진설계는 저장능력 3ton 이상인 저장탱크

49 다음 가스 중 위험도가 가장 큰 것은?

① 프로판   ② 일산화탄소
③ 아세틸렌 ④ 암모니아

| 해설 | • 프로판 : 2.1 ~ 9.5%
• 일산화탄소 : 12.5 ~ 74%
• 아세틸렌 : 2.5 ~ 81%
• 암모니아 : 15 ~ 28%
폭발범위가 넓으면 위험도가 크다.

50 어떤 액체의 비중이 13.60이다. 액체 표면에서 수직으로 15m 깊이에서의 압력은?

① 2.04kg/cm²   ② 20.4kg/cm²
③ 2.04kg/m²   ④ 20.4kg/mm²

| 해설 | $P = r \cdot h = \dfrac{13.6g/cm^3 \times (15m \times 100)cm}{(1000g/1kg)}$
= 20.4kg/cm²

51 다음 중 지진 감지장치를 반드시 설치하여야 하는 도시 가스 시설은?

① 가스도매사업자 인수기지
② 가스도매사업자 정압기지
③ 일반도시가스사업자 제조소
④ 일반가스도시사업자 정압기

| 해설 | 지진감지장치 설치 시설은 가스도매사업자의 정압기지이다.

52 다음 중 헨리법칙이 잘 적용되지 않는 가스는?

① 수소   ② 산소
③ 이산화탄소 ④ 암모니아

| 해설 | 헨리의 법칙은 물에 잘 녹지 않는 기체만 적용 시안화수소, 아황산가스, 암모니아는 물에 잘 녹아서 헨리의 법칙에 적용하지 않는다.

| 정답 | 47. ① 48. ① 49. ③ 50. ② 51. ② 52. ④

53 도시가스에 첨가하는 부취제가 갖추어야 할 성질로 틀린 것은?

① 독성이 없을 것
② 극히 낮은 농도에서도 냄새가 확인될 수 있을 것
③ 가스관이나 가스미터에 흡착이 잘될 것
④ 배관 내 사용온도에서 응축하지 않을 것

| 해설 | 도시가스 부취제는 가스관, 가스미터에 흡착되면 가스 누출시 취기로 확인이 어렵다.

54 습식아세틸렌 발생기의 표면온도는 몇 ℃ 이하를 유지하여야 하는가?

① 70
② 90
③ 100
④ 110

| 해설 | 습식 아세틸렌 발생기 70℃ 이하를 유지한다.

55 비등액체팽창증기폭발(BELVE)이 일어날 가능성이 가장 낮은 곳은?

① LPG저장탱크
② 액화가스 탱크로리
③ 천연가스 지구정압기
④ LNG저장탱크

| 해설 | 천연가스 지구정압기는 기체상태의 가스압력을 조정하므로 BELVE 현상이 발생하지 않는다.

56 에어졸 제조시설에는 온수시험탱크를 갖추어야 한다. 에어졸 충전용기의 가스누출시험 온수온도의 범위는?

① 26℃ 이상 30℃ 미만
② 36℃ 이상 40℃ 미만
③ 46℃ 이상 50℃ 미만
④ 56℃ 이상 60℃ 미만

| 해설 | 에어졸 온수 가스누출 시험시 온수의 온도범위는 46℃ 이상 50℃ 미만일 것

57 가스누출 자동차단장치의 검지부 설치금지 장소에 해당하지 않는 것은?

① 출입구 부근 등으로서 외부의 기류가 통하는 곳
② 가스가 체류하기 좋은 곳
③ 환기구 등 공기가 들어오는 곳으로부터 1.5m 이내의 곳
④ 연소기의 폐가스에 접촉하기 쉬운 곳

| 해설 | 가스 체류하는 곳에 검지부를 설치한다.

58 어떤 고압설비의 상용압력이 1.6MPa일 때 이 설비의 내압시험 압력은 몇 MPa 이상으로 실시하여야 하는가?

① 1.6
② 2.0
③ 2.4
④ 2.7

| 해설 | 고압설비 내압시험압력 = 1.6 × 1.5배 = 2.4MPa

| 정답 | 53. ③ 54. ① 55. ③ 56. ③ 57. ② 58. ②

59 산소가스 설비의 수리를 위한 저장탱크 내의 산소를 치환할 때 산소측정기 등으로 치환 결과를 수시로 측정하여 산소의 농도가 원칙적으로 몇 % 이하가 될 때까지 치환하여야 하는가?

① 18% ② 20%
③ 22% ④ 24%

| 해설 | 산소농도 18~22% 범위

60 다음 중 방류둑을 설치하여야 할 기준으로 옳지 않은 것은?

① 저장능력이 5톤 이상인 독성가스 저장탱크
② 저장능력이 300톤 이상인 가연성가스 저장탱크
③ 저장능력이 1000톤 이상인 액화석유가스 저장탱크
④ 저장능력이 1000톤 이상인 액화산소 저장탱크

| 해설 | 방류둑 설치는 가연성가스 1000톤 이상인 경우

| 정답 | 59. ③ 60. ②

가스기능사 모의고사 15회

01 고압가스 저장탱크 및 처리설비에 대한 설명으로 틀린 것은?

① 가연성 저장탱크를 2개 이상 인접 설치시에는 0.5m 이상의 거리를 유지한다.
② 지면으로부터 매설된 저장탱크 정상부까지의 깊이는 60cm 이상으로 한다.
③ 저장탱크를 매설한 곳의 주위에는 지상에 경계 표시를 한다.
④ 독성가스 저장탱크실과 처리 설비실에는 가스누출검지경보장치를 설치한다.

| 해설 | 인접한 저장탱크 이격거리는 두 개의 저장탱크 최대직경을 합산한 것의 1/4 거리로 하나 1m 이하일 경우는 1m로 한다.

02 대기압이 1.0332kgf/cm²이고, 계기압력이 10kgf/cm²일 때 절대압력은 약 몇 kgf/cm²인가?

① 8.9668 ② 10.332
③ 11.0332 ④ 103.32

| 해설 | abs = 1.0332 + 10 = 11.0332kgf/cm²

03 다음 암모니아 제법 중 중압 합성방법이 아닌 것은?

① 카자레법 ② 뉴우데법
③ 케미크법 ④ 뉴파우더법

| 해설 | 암모니아 합성법 중 카자레법은 고압합성법

04 에틸렌 제조의 원료로 사용하지 않는 것은?

① 나프타 ② 에탄올
③ 프로판 ④ 염화메탄

| 해설 | 에틸렌(C_2H_4) 제조시 원료로 사용되지 않는 것은 염화메탄(CH_3Cl)이다.

05 다음 독성가스 중 제독제로 물을 사용할 수 없는 것은?

① 암모니아 ② 아황산가스
③ 염화메탄 ④ 황화수소

| 해설 | 황화수소 제독제 : 가성소다, 탄산소다

06 회전 펌프의 특징에 대한 설명으로 틀린 것은?

① 고압에 적당하다.
② 점성이 있는 액체에 성능이 좋다.
③ 송출량에 맥동이 거의 없다.
④ 왕복펌프와 같은 흡입·토출 밸브가 있다.

| 해설 | 회전펌프에는 흡입·토출 밸브가 없다.

| 정답 | 01. ① 02. ③ 03. ① 04. ④ 05. ④ 06. ④

07 고압가스 일반제조시설의 밸브가 돌출한 충전용기에서 고압가스를 충전한 후 넘어짐 방지조치를 하지 않아도 되는 용량의 기준은 내용적이 몇 L일 때인가?

① 5
② 10
③ 20
④ 50

| 해설 | 충전용기의 넘어짐 방지조치를 하지 않아도 되는 내용적은 5L 미만

08 이상기체 상태방정식의 R값을 옳게 나타낸 것은?

① 8.314L · atm/mol · R
② 0.082L · atm/mol · K
③ 8.314m · atm/mol · K
④ 0.082joulr/mol · K

| 해설 | 이상기체 상태 기체상수 R
= (22.4L-1atm)/(1mol) × (0+273K)
= 0.082L-atm/mol·K

09 고압가스용 재충전금지 용기는 안전성 및 호환성을 확보하기 위하여 일정 치수를 갖는 것으로 하여야 한다. 이에 대한 설명 중 틀린 것은?

① 납붙임 부분은 용기 몸체 두께의 4배 이상의 길이로 한다.
② 최고충전압력(MPa)의 수치와 내용적(L)의 수치화의 곱이 100 이하로 한다.
③ 최고충전압력이 35.5MPa 이하이고 내용적이 20리터 이하로 한다.
④ 최고충전압력이 3.5MPa 이상인 경우에는 내용적이 5리터 이하로 한다.

10 독성가스 제조시설 식별표지의 글씨 색상은? (단, 가스의 명칭은 제외한다.)

① 백색
② 적색
③ 황색
④ 흑색

| 해설 | 독성가스 식별표지 글씨 색상은 흑색이다.

11 고압가스 판매소의 시설기준에 대한 설명으로 틀린 것은?

① 충전용기의 보관실은 불연재료를 사용한다.
② 가연성가스 · 산소 및 독성가스의 저장실은 각각 구분하여 보관한다.
③ 용기보관실 및 사무실은 동일 부지안에 설치하지 않는다.
④ 산소, 독성가스 또는 가연성가스를 보관하는 용기보관실의 면적은 각 고압가스별로 10m² 이상으로 한다.

| 해설 | 고압가스 판매소에서 용기보관시설과 사무실은 동일부지 안에 설치하여야 한다.

12 액화가스 충전시설의 정전기 제거조치의 기준으로 옳은 것은?

① 탑류, 저장탱크, 열교환기 등은 단독으로 되어 있도록 한다.
② 벤트스택은 본딩용 접속으로 접속하여 공동 접지한다.
③ 접지저항의 총합은 200Ω 이하로 한다.
④ 본딩용 접속선의 단면적은 3mm² 이상의 것을 사용한다.

| 해설 | 정전기 제거장치는 저장탱크나 탑류 등은 단독으로 설치하고 접지저항 총합은 100Ω 이하일 것

| 정답 | 07. ① 08. ② 09. ③ 10. ④ 11. ③ 12. ①

13 프로판 15vol%와 부탄 85vol%로 혼합된 가스의 공기 중 폭발한 값은 얼마인가?

① 1.84
② 1.88
③ 1.94
④ 1.98

| 해설 | $\dfrac{15}{2.1} + \dfrac{85}{1.8} = \dfrac{100}{L}$

∴ L = 1.839

14 염화메탄을 사용하는 배관에 사용하지 못하는 금속은?

① 주강
② 강
③ 동합금
④ 알루미늄 합금

| 해설 | 염화메탄 배관재질에 알루미늄합금은 사용되지 않는다. 알카리, 알카리토금속, 마그네슘, 아연, 알루미늄과 반응한다.

15 고압가스 일반제조시설에서 아세틸렌가스를 용기에 충전하는 경우 방호벽을 설치하지 않아도 되는 곳은?

① 압축기의 유분리기와 고압건조기 사이
② 압축기와 아세틸렌가스 충전장소 사이
③ 압축기와 아세틸렌가스 충전용기 보관장소 사이
④ 충전장소와 아세틸렌가스 충전용 주관밸브 조작밸브 사이

| 해설 | 아세틸렌을 압축하는 압축기의 유분리기와 고압건조기 사이에는 역류방지 밸브를 설치한다.

16 LPG의 연소방식이 아닌 것은?

① 적화식
② 세미분젠식
③ 분젠식
④ 원지식

| 해설 | • LPG 연소방식
① 적화식 ② 세미분젠식
③ 분젠식

17 내용적 1L 이하의 일회용 용기로서 라이터 충전용, 연료가스용 등으로 사용하는 용기는?

① 용접용기
② 이음매 없는 용기
③ 접합 또는 납붙임 용기
④ 융착용기

| 해설 | 접합 또는 납붙임 용기는 내용적 1리터 이하의 일회용 용기로 라이터충전용, 연료용 등에 사용되는 용기이다.

18 저장탱크의 지하설치기준에 대한 설명으로 틀린 것은?

① 천장, 벽 및 바닥의 두께가 각각 30cm 이상인 방수조치를 한 철근콘크리트로 만든 곳에 설치한다.
② 지면으로부터 저장탱크의 정상부까지의 깊이는 1m 이상으로 한다.
③ 저장탱크에 설치한 안전밸브에는 지면에서 5m 이상의 높이에 방출구가 있는 가스방출관을 설치한다.
④ 저장탱크를 매설한 곳의 주위에는 지상에 경계표시를 설치한다.

| 해설 | 저장탱크 지하 설치시 지면과 저장탱크 정상부 이격거리는 60cm 이상일 것

| 정답 | 13. ① 14. ④ 15. ① 16. ④ 17. ③ 18. ②

19 가연성가스의 제조설비 내에 설치하는 전기기기에 대한 설명으로 옳은 것은?

① 1종 장소에는 원칙적으로 전기설비를 설치해서는 안된다.
② 안전증 방폭구조는 전기기기의 불꽃이나 아크를 발생하여 착화원이 될 염려가 있는 부분을 기름 속에 넣은 것이다.
③ 2종 장소는 정상의 상태에서 폭발성 분위기가 연속하여 또는 장시간 생성되는 장소를 말한다.
④ 가연성가스가 존재할 수 있는 위험장소는 1종 장소, 2종 장소 및 0종 장소로 분류하고 위험장소에서는 방폭형 전기기기를 설치하여야 한다.

|해설| 가연성가스 제조설비 위험장소는 1종 장소, 2종 장소, 0종 장소로 분류되며 위험장소에는 방폭형 전기구조로 한다.

20 LPG 충전·집단공급 저장시설의 공기에 의한 내압 시험시 상용압력의 일정 압력 이상으로 승압한 후 단계적으로 승압시킬 때, 상용압력의 몇 %씩 증압시켜 내압시험 압력에 도달하였을 때 이상이 없어야 하는가?

① 5
② 10
③ 15
④ 20

|해설| LPG 저장공급시설 내압 시험시 상용압력을 10%씩 증가시켜 승압할 때 이상이 없을 것

21 독성가스 용기 운반기준에 대한 설명으로 틀린 것은?

① 차량의 최대 적재량을 초과하여 적재하지 아니한다.
② 충전용기는 자전거나 오토바이에 적재하여 운반하지 아니한다.
③ 독성가스 중 가연성가스와 조연성가스는 같은 차량의 적재함으로 운반하지 아니한다.
④ 충전용기를 차량에 적재하여 운반할 때에는 적재함에 넘어지지 않게 뉘어서 운반한다.

|해설| 충전용기 차량적재 운반 시 세워서 운반하다.

22 포화황산동 기준전극으로 매설 배관의 방식 전위를 측정하는 경우 몇 V 이하이어야 하는가?

① −0.75V   ② −0.85V
③ −0.95V   ④ −2.5V

|해설| 포화황산동 기준전극으로 매설 배관의 방식 전위 측정시 −0.85V 이하이어야 한다.

23 고압가스용 용접용기 동판의 최대 두께와 최소 두께와의 차이는?

① 평균두께의 5% 이하
② 평균두께의 10% 이하
③ 평균두께의 20% 이하
④ 평균두께의 25% 이하

|해설| 용접용기 10%, 무계목용기 20%

|정답| 19. ④ 20. ② 21. ④ 22. ② 23. ②

24 고압가스 용기에 사용되는 강의 성분원소 중 탄소, 인, 황 및 규소의 작용에 대한 설명으로 옳지 않은 것은?

① 탄소량이 증가하면 인장강도는 증가한다.
② 황은 적열취성의 원인이 된다.
③ 인은 상온취성의 원인이 된다.
④ 규소량이 증가하면 충격치는 증가한다.

| 해설 | 용기재질에 탄소 함유량이 높아지면 강도와 경도가 증가한다.
황은 적열취성, 인은 상온취성, 규소는 탄성한도, 강도·경도는 증가하나 연신율, 충격치는 감소한다.

25 액화 산소 및 LNG 등에 사용할 수 없는 재질은?

① Al 합금
② Cu 합금
③ Cr 강
④ 18-8 스테인리스강

| 해설 | 액화산소(-183℃) LNG(-162℃)의 초저온에 Cr강은 적합하지 않다.

26 진탕형 오토클레이브의 특징이 아닌 것은?

① 가스 누출의 가능성이 없다.
② 고압력에 사용할 수 있고 반응물의 오손이 없다.
③ 뚜껑판에 뚫어진 구멍에 촉매가 끼어 들어갈 염려가 있다.
④ 교반효과가 뛰어나며 교반형에 비하여 효과가 크다.

| 해설 | 진탕형은 가장 일반적인 교반 형태이나 교반형보다 효과가 크지 않다.

27 인체용 에어졸 제품의 용기에 기재할 사항으로 틀린 것은?

① 특정부위에 계속하여 장시간 사용하지 말 것
② 가능한 한 인체에서 10cm 이상 떨어져서 사용할 것
③ 온도가 40℃ 이상 되는 장소에 보관하지 말 것
④ 불 속에 버리지 말 것

| 해설 | 인체용 에어졸은 인체에서 20cm 이상 떨어져 사용할 것

28 공기액화분리기에서 이산화탄소 7.2kg을 제거하기 위해 필요한 제거제(NaOH)의 양은 약 몇 kg인가

① 6
② 9
③ 13
④ 15

| 해설 | 1.8 × 7.2 = 12.96kg
(CO_2 1kg 제거에 NaOH 1.8kg 필요)

29 아세틸렌을 용기에 충전시 미리 용기에 다공물질을 채우는데 이때 다공도의 기준은?

① 75% 이상 92% 미만
② 80% 이상 95% 미만
③ 95% 이상
④ 98% 이상

| 해설 | 아세틸렌 다공도는 75% 이상 92% 미만이다.

| 정답 | 24. ④ 25. ③ 26. ④ 27. ② 28. ③ 29. ①

30 가연성 가스라 함은 폭발 한계의 상한과 하한의 차가 몇 % 이상인 것을 말하는가?

① 10% ② 20%
③ 30% ④ 40%

| 해설 | 가연성 가스는 폭발한계의 상한과 하한의 차가 20% 이상 또는 하한이 10% 이하인 것을 말한다.

31 LPG용 압력조정기 중 1단 감압식 저압조정기의 조정압력의 범위는?

① 2.3 ~ 3.3kPa
② 2.55 ~ 3.3kPa
③ 5.7 ~ 8.3kPa
④ 5.0 ~ 3.0kPa 이내에 제조자가 설정한 기준압력의 ±20%

| 해설 | • 1단 감압식 저압조정기 조정압력범위
2.3 ~ 3.3kPa(280±50mmH₂O)

32 용기의 내용적 40L에 내압 시험 압력의 수압을 걸었더니 내용적이 40.24L로 증가하였고, 압력을 제거하여 대기압으로 하였더니 용적은 40.02L가 되었다. 이 용기의 항구 증가량과 또 이 용기의 내압시험에 대한 합격 여부는?

① 1.6% 합격   ② 1.6% 불합격
③ 8.3% 합격   ④ 8.3% 불합격

| 해설 | 항구증가량 = $\frac{40.02 - 40}{40.24 - 40} \times 100 = 8.3\%$
∴ 10% 이내 합격

33 염화파라듐지로 검지할 수 있는 가스는?

① 아세틸렌
② 황화수소
③ 염소
④ 일산화탄소

| 해설 | ① 아세틸렌 : 염화 제일동 착염지
② 황화수소 : 초산납 시험지(연당지)
④ 일산화탄소 : 염화 파라듐지

34 면적 가변식 유량계의 특징이 아닌 것은?

① 소용량 측정이 가능하다.
② 압력손실이 크고 거의 일정하다.
③ 유효 측정범위가 넓다.
④ 직접 유량을 측정한다.

| 해설 | 면적 가변식 유량계는 타 유량계에 비해서 압력 손실이 크지 않다.

35 공기 중에서 폭발 범위가 가장 넓은 가스는?

① 메탄
② 프로판
③ 에탄
④ 일산화탄소

| 해설 | ① 메탄 : 5 ~ 15%
② 에탄 : 3 ~ 12.4%
③ 프로판 : 2.1 ~ 9.4%
④ 일산화탄소 : 12.5 ~ 74%

| 정답 | 30. ② 31. ① 32. ③ 33. ④ 34. ② 35. ④

36 공기 100kg 중에는 산소가 약 몇 kg 포함되어 있는가?

① 12.3kg ② 23.2kg
③ 31.5kg ④ 43.7kg

|해설| • 공기 중 포함된 가스 성분비(부피%)
　　　$N_2 : 78\%, O_2 : 21\%, Ar : 1\%$
• 공기 100kg 중 중량비%
　㉠ $N_2 : 28 \times \dfrac{78}{100} = 21.84$ kg
　㉡ $O_2 : 32 \times \dfrac{21}{100} = 6.72$ kg
　㉢ $Ar : 40 \times \dfrac{1}{100} = 0.4$ kg
　∴ 산소의 중량비% = $\dfrac{6.72}{21.84 + 6.72 + 0.4} \times 100 = 23.2\%$

37 다음 각 금속재료의 가스 작용에 대한 설명으로 옳은 것은?

① 수분을 함유한 염소는 상온에서도 철과 반응하지 않으므로 철강의 고압용기에 충전할 수 있다.
② 아세틸렌은 강과 직접 반응하여 폭발성의 금속 아세틸라이드를 생성한다.
③ 일산화탄소는 철족의 금속과 반응하여 금속카르보닐을 생성한다.
④ 수소는 저온, 저압하에서 질소와 반응하여 암모니아를 생성한다.

|해설| 일산화탄소는 철, 니켈, 코발트 등과 반응하여 금속카르보닐을 생성한다.

38 개방형 온수기에 반드시 부착하지 않아도 되는 안전장치는?

① 소화안전장치
② 전도안전장치
③ 과열방지장치
④ 불완전연소방지장치 또는 산소결핍안전장치

|해설| 개방형 온수기에는 전도안전장치는 부착하지 않아도 된다.

39 다음 중 지연성 가스에 해당되지 않는 것은?

① 염소 ② 불소
③ 이산화질소 ④ 이황화탄소

|해설| 이황화탄소는 가연성 가스이다.

40 액주식 압력계에 사용되는 액체의 구비조건으로 틀린 것은?

① 화학적으로 안정되어야 한다.
② 모세관 현상이 없어야 한다.
③ 점도와 팽창계수가 작아야 한다.
④ 온도변화에 의한 밀도 변화가 커야 한다.

|해설| • 마노미터(액주계) 봉입액체의 특징
　㉠ 점성이 작을 것
　㉡ 온도변화에 의한 밀도가 작을 것
　㉢ 모세관 현상과 표면 장력이 작을 것
　㉣ 화학적으로 안정되고 휘발성, 활성이 작을 것

|정답| 36. ② 37. ③ 38. ② 39. ④ 40. ④

41 다음 중 표준 대기압에 대하여 바르게 나타낸 것은?

① 적도지방 연평균 기압
② 토리첼리의 진공실험에서 얻어진 압력
③ 대기압을 0으로 보고 측정한 압력
④ 완전진공을 0으로 했을 때의 압력

| 해설 | 표준대기압은 토리첼리의 수은 진공실험에서 얻어진 압력이다.

42 물체의 상태변화 없이 온도변화만 일으키는데 필요한 열량을 무엇이라고 하는가?

① 현열
② 잠열
③ 열용량
④ 대사량

| 해설 | 상태의 변화 없이 온도변화에 필요한 열량은 현열이라고 한다.
온도의 변화 없이 상태 변화에 필요한 열량은 잠열이라고 한다.

43 초저온가스를 저장하는 탱크에 사용되는 단열재의 구비조건으로 틀린 것은?

① 밀도가 클 것
② 흡수성이 없을 것
③ 열전도도가 작을 것
④ 화학적으로 안정할 것

| 해설 | 초저온용 단열재가 밀도가 작고 흡습성이 없고, 열전도도가 작아야 한다.

44 다음 중 비점이 가장 낮은 것은?

① 수소
② 헬륨
③ 산소
④ 네온

| 해설 | ① 수소 : -252.9℃ ② 산소 : -183℃
③ 헬륨 : -272.2℃ ④ 네온 : -245.9℃

45 질소의 용도가 아닌 것은?

① 비료에 이용
② 질산제조에 이용
③ 연료용에 이용
④ 냉매로 이용

| 해설 | 질소는 불연성가스이다.(연료로 사용은 불가하다.)

46 절대온도 40°K를 랭킹온도로 환산하면 몇 °R 인가?

① 36
② 54
③ 72
④ 90

| 해설 | 40°K × 1.8 = 72°R

47 0℃, 1atm인 표준상태에서 공기와의 같은 부피에 대한 무게비를 무엇이라고 하는가?

① 비중
② 비체적
③ 밀도
④ 비열

| 해설 | 비중이란 기준이 되는 유체와 무게비를 말한다. 기체비중은 공기기준, 액체비중은 물을 기준으로 한다.

48 가열로에서 20℃ 물 1,000kg을 80℃ 온수로 만들려고 한다. 프로판가스는 약 몇 kg이 필요한가?(단, 가열로의 열효율은 90%이며, 프로판가스의 열량은 12,000kcal/kg이다.)

① 4.6
② 5.6
③ 6.6
④ 7.6

| 해설 | $\dfrac{1000kg \times 1 \times (80-20)}{12000 \times 0.9} = 5.6kg$

| 정답 | 41. ② 42. ① 43. ① 44. ② 45. ③ 46. ③ 47. ① 48. ②

49 다음 중 마찰, 타격 등으로 격렬히 폭발하는 예민한 폭발물질로써 가장 거리가 먼 것은?

① AgN_2 ② H_2S
③ AgC_2 ④ N_4S_4

| 해설 | H_2S는 비교적 마찰 타격에 예민하지 않다.

50 완전진공은 0으로 하여 특정한 압력을 의미하는 것은?

① 절대압력   ② 게이지압력
③ 표준대기압   ④ 진공압력

| 해설 | • 절대압력 : 완전진공을 0으로 측정한 압력
• 게이지압력 : 대기압을 0으로 측정한 압력

51 LP 가스의 일반적인 성질에 대한 설명 중 옳은 것은?

① 공기보다 무거워 바닥에 고인다.
② 액의 체적팽창률이 적다.
③ 증발잠열이 적다.
④ 기화 및 액화가 어렵다.

| 해설 | LPG는 공기보다 무겁다.

52 압력변화에 의한 탄성변위를 이용한 탄성압력계에 해당되지 않는 것은?

① 플로트식 압력계
② 부르돈관식 압력계
③ 다이어프램식 압력계
④ 벨로우즈식 압력계

| 해설 | 플로트식 압력계 : 부자식 압력계

53 건축물 안에 매설할 수 없는 도시가스 배관의 재료는?

① 스테인리스강관
② 동관
③ 가스용 금속플렉시블호스
④ 가스용 탄소강관

| 해설 | 탄소강관은 매설용으로 부적합하다.

54 다음 중 아황산가스의 제독제가 아닌 것은?

① 소석회   ② 가성소다 수용액
③ 탄산소다 수용약   ④ 물

| 해설 | 아황산(SO_2) 제독제 : 가성소다 수용액, 탄산소다 수용액, 물

55 충전 용기를 차량에 적재하여 운반하는 도중에 주차하고자 할 때의 주의사항으로 옳지 않은 것은?

① 충전 용기를 적재한 차량은 제 1종 보호시설로부터 15m 이상 떨어지고, 제 2종 보호시설이 밀집된 지역은 가능한 한 피한다.
② 주차 시에는 엔진을 정지시킨 후 주차브레이크를 걸어 놓는다.
③ 주차를 하고자 하는 주위의 교통상황, 지형조건, 화기 등을 고려하여 안전한 장소를 택하여 주차한다.
④ 주차 시에는 긴급한 사태에 대비하여 바퀴 고정목을 사용하지 않는다.

| 해설 | 가스 운반차량 주차시 차량 정지목을 사용하면 안전하다.(정지목 5000ℓ 이상)

| 정답 | 49. ② 50. ① 51. ① 52. ① 53. ④ 54. ① 55. ④

56 다음과 같은 특징을 가지는 가스는?

> ① 맹독성이고 자극성 냄새의 황록색 기체
> ② 임계온도는 약 144℃, 임계압력은 약 76.1atm
> ③ 수은법, 격막법 등에 의해 제조

① CO　　　　② Cl_2
③ $COCl_2$　　④ H_2S

| 해설 | 염소(Cl_2)가스는 맹독성의 자극성이 있는 황록색 기체이다. 수은법, 격막법으로 제조

57 일반도시가스 공급시설의 시설기준으로 틀린 것은?

① 가스공급 시설을 설치한 곳에는 누출된 가스가 머물지 아니하도록 환기설비를 설치한다.
② 공동구 안에는 환기장치를 설치하여 전기설비가 있는 공동구에서는 그 전기설비를 방폭구조로 한다.
③ 저장탱크의 안전장치인 안전밸브나 파열판에는 가스방출관을 설치한다.
④ 저장탱크의 안전밸브는 다이어프램식 안전밸브로 한다.

| 해설 | 저장탱크의 안전밸브 형식은 스프링식을 채택한다.

58 온도계의 선정방법에 대한 설명 중 틀린 것은?

① 지시 및 기록 등을 쉽게 행할 수 있을 것
② 견고하고 내구성이 있을 것
③ 취급하기가 쉽고 측정하기 간편할 것
④ 피측온체의 화학반응 등으로 온도계에 영향이 있을 것

| 해설 | 측정하고자 하는 물체의 화학반응 영향이 온도계에 영향이 있으면 정확한 측정이 어렵다.

59 다음 중 특정설비가 아닌 것은?

① 차량에 고정된 탱크
② 안전밸브
③ 긴급차단장치
④ 압력조정기

| 해설 | 특정설비에 압력조정기는 해당되지 않는다.

60 도시가스 본관 중 중압 배관의 내용적이 $9m^3$일 경우, 자기압력기록계를 이용한 기밀시험 유지시간은?

① 24분 이상　　② 40분 이상
③ 216분 이상　④ 240분 이상

| 해설 | • 저압, 또는 중압의 경우($9m^3$ = 9000l)
　① $1m^3$ 이상 ~ $10m^3$ 미만 : 240분
　② $1m^3$ 미만 : 24분

| 정답 |　56. ②　57. ④　58. ④　59. ④　60. ④

FINAL CHECK

가스기능사 모의고사 16회

01 고압가스의 용어에 대한 설명으로 틀린 것은?

① 액화가스란 가압, 냉각 등의 방법에 의하여 액체상태로 되어 있는 것으로서 대기압에서의 끓는점이 섭씨 40도 이하 또는 상용의 온도 이하인 것을 말한다.
② 독성가스란 공기 중에 일정량이 존재하는 경우 인체에 유해한 독성을 가진 가스로서 허용농도가 100만분의 2000 이하인 가스를 말한다.
③ 초저온저장탱크라 함은 섭씨 영하 50도 이하의 액화가스를 저장하기 위한 저장탱크로서 단열재로 씌우거나 냉동설비로 냉각하는 등의 방법으로 저장탱크 내의 가스온도가 상용의 온도를 초과하지 아니하도록 한 것을 말한다.
④ 가연성가스라 함은 공기 중에서 연소하는 가스로서 폭발한계의 하한이 10% 이하인 것과 상한과 하한의 차가 20% 이상인 것을 말한다.

| 해설 | 독성가스는 100만 분의 200(200ppm) 이하인 가스를 말한다.

02 공기 중에서의 폭발 하한값이 가장 낮은 가스는?

① 황화수소
② 암모니아
③ 산화에틸렌
④ 프로판

| 해설 | • 폭발한계
① 황화수소 : 4.3~45%
② 암모니아 : 15~28%
③ 산화에틸렌 : 3~80%
④ 프로판 : 2.1~9.5%

03 자연발화에서 열의 발생 속도에 대한 설명으로 틀린 것은?

① 초기 온도가 높은 쪽이 일어나기 쉽다.
② 표면적이 작을수록 일어나기 쉽다.
③ 발열량이 큰 쪽이 일어나기 쉽다.
④ 촉매 물질이 존재하면 반응 속도가 빨라진다.

| 해설 | 자연발화는 표면적이 클수록 발생이 용이하다.

| 정답 | 01. ② 02. ④ 03. ②

04 가스도매사업의 가스공급시설 중 배관을 지하에 매설할 때의 기준으로 틀린 것은?

① 배관은 그 외면으로부터 수평거리로 건축물까지 1.0m 이상을 유지한다.
② 배관은 그 외면으로부터 지하의 다른 시설물과 0.3m 이상의 거리를 유지한다.
③ 배관을 산과 들에 매설할 때는 지표면으로부터 배관의 외면까지의 매설깊이를 1m 이상으로 한다.
④ 배관은 지반 동결로 손상을 받지 아니하는 깊이로 매설한다.

| 해설 | 건축물과 가스배관은 외면으로부터 1.5m 이상 유지하여야 한다.

05 용기 종류별 부속품의 기호 중 압축가스를 충전하는 용기의 부속품을 나타낸 것은?

① LG
② PG
③ LT
④ AG

| 해설 |
- PG : 압축가스
- AG : 아세틸렌가스
- LT : 초저온 및 저온용기
- LG : 액화가스
- LPG : 액화석유가스

06 연료의 배기가스를 화학적으로 흡수액 속에 흡수시켜 그 용량의 감소로 가스의 농도를 분석하며 3개의 피펫과 1개의 뷰렛, 2개의 수준병으로 구성된 가스분석 방법은?

① 헴펠(Hempel)법
② 오르자트(Orsat)법
③ 게켈(Gockel)법
④ 직접(Iedimetry)법

| 해설 | 흡수분석법 중 오르자트 분석법 설명이다.

07 무색, 무미, 무취의 폭발범위가 넓은 가연성가스로서 할로겐원소와 격렬하게 반응하여 폭발반응을 일으키는 가스는?

① H_2
② Cl_2
③ HCl
④ C_6H_6

| 해설 | 수소는 폭발범위가 4~75%로 폭발범위가 넓고 할로겐원소(F, Cl, Br, I)와 격렬하게 반응한다.

08 압력용기 내압부분에 대한 비파괴 시험으로 실시되는 초음파탐상시험 대상은?

① 두께가 35mm인 탄소강
② 두께가 5mm인 9% 니켈강
③ 두께가 15mm인 2.5% 니켈강
④ 두께가 30mm인 저합금강

| 해설 | 두께가 15mm인 2.5% 니켈강은 초음파탐상시험으로 한다.

09 고압가스일반제조시설의 저장탱크 지하 설치기준에 대한 설명으로 틀린 것은?

① 저장탱크 주위에는 마른 모래를 채운다.
② 지면으로부터 저장탱크 정상부까지의 깊이는 30cm 이상으로 한다.
③ 저장탱크를 매설한 곳의 주위에는 지상에 경계표지를 한다.
④ 저장탱크에 설치한 안전밸브는 지면에서 5m 이상 높이에 방출구가 있는 가스방출관을 설치한다.

| 해설 |
- 가스저장탱크 지하 설치기준
  ㉠ 두께 30cm 이상 방수 조치한 콘크리트실에 설치
  ㉡ 탱크 주위는 마른 모래로 채울 것
  ㉢ 저장탱크 정상부와 지면과의 거리는 60cm 이상일 것
  ㉣ 지상에서 5m 이상 가스 방출관을 설치할 것

| 정답 | 04. ① 05. ② 06. ② 07. ① 08. ③ 09. ②

10 20kg LPG용기의 내용적은 몇 L인가? (단, 충전상수 C는 2.35이다.)

① 8.51 ② 20
③ 42.3 ④ 47

| 해설 | $G = \dfrac{V}{C}$

∴ $V = G \cdot C = 20 \times 2.35 = 47 \ell$

11 가스분석법 중 연소 분석법에 해당되지 않는 것은?

① 완만 연소법
② 분별 연소법
③ 폭발법
④ 크로마토그래피법

| 해설 | 크로마토그래피법은 기기분석에 해당된다.

12 다음 F_2의 성질에 대한 설명 중 틀린 것은?

① 담황색의 기체로 특유의 자극성을 가진 유독한 기체이다.
② 활성이 강한 원소로 작은 원소로서 강한 환원제이다.
③ 전기음성도가 작은 원소로서 강한 환원제이다.
④ 수소와 냉암소에서도 폭발적으로 반응한다.

| 해설 | 불소의 화학적 활성은 전기음성도가 가장 크고 원자 크기는 매우 작다.

13 차량에 고정된 저장탱크로 염소를 운반할 때 용기의 내용적(L)은 얼마 이하가 되어야 하는가?

① 10,000
② 12,000
③ 15,000
④ 18,000

| 해설 | 차량에 고정 저장탱크로 독성가스 운반시 12,000L 초과 운반금지(단 암모니아는 제외)

14 산소가 충전되어 있는 용기의 온도가 15℃일 때 압력은 15MPa이었다. 이용기가 직사일광을 받아 온도가 40℃로 상승하였다면, 이때의 압력은 약 몇 MPa이 되겠는가?

① 5.6 ② 10.3
③ 16.3 ④ 40.0

| 해설 | $P_2 = P_1 \times \dfrac{T_2}{T_1} = 15 \times \dfrac{273+40}{273+15} = 16.3 \text{MPa}$

15 가연성가스의 검지경보장치 중 반드시 방폭성능을 갖지 않아도 되는 가스는?

① 수소
② 일산화탄소
③ 암모니아
④ 아세틸렌

| 해설 | 암모니아는 폭발범위가 15 ~ 28%로 검지경보장치가 방폭구조가 아니어도 된다.

| 정답 | 10. ④ 11. ④ 12. ③ 13. ② 14. ③ 15. ③

16 도시가스에 첨가되는 부취제 선정 시 조건으로 틀린 것은?

① 물에 잘 녹고 쉽게 액화될 것
② 토양에 대한 투과성이 좋을 것
③ 독성 및 부식성이 없을 것
④ 가스배관에 흡착되지 않을 것

| 해설 | • 부취제 구비조건
㉠ 토양에 대한 투과성이 클 것
㉡ 배관이나 가스미터에 흡착하지 않을 것
㉢ 독성 및 부식성이 없을 것
㉣ 연소 후 유해한 성분이 남지 않을 것
㉤ 일반냄새와 명확히 구별될 것
㉥ 물에 잘 녹지 않을 것
㉦ 화학적으로 안정될 것

17 다음 중 고압가스 관련 설비가 아닌 것은?

① 일반 압축가스 배관용 밸브
② 자동차용 압축천연가스 완속충전 설비
③ 액화석유가스용 용기잔류가스회수장치
④ 안전밸브, 긴급차단장치, 역화방지장치

| 해설 | • 고압가스 관련 설비
㉠ 안전밸브, 긴급차단장치, 역화방지장치
㉡ 기화장치
㉢ 압력용기
㉣ 자동차용 가스자동주입장치
㉤ 냉동설비(일체형 냉동기 제외)를 구성하는 압축기, 응축기, 증발기 및 압력용기(이하 냉동용 특정설비라 한다.)
㉥ 특정고압가스용 실린더 캐비넷
㉦ 자동차용 압축천연가스 완속 충전설비(처리능력이 시간당 18.5세제곱미터 미만인 충전설비를 말한다.)
㉧ 액화석유가스용 용기잔류가스회수장치

18 안전관리자가 상주하는 사무소와 현장사무소와의 사이 또는 현장사무소 상호 간 신속히 통보할 수 있도록 통신시설을 갖추어야 하는데 이에 해당되지 않는 것은?

① 구내방송설비
② 메가폰
③ 인터폰
④ 페이징설비

| 해설 | 안전관리자의 사무소와 현장사무소 간 통신시설은 인터폰, 구내방송설비, 페이징설비, 구내전화

19 고압가스를 제조하는 경우 가스를 압축해서는 아니되는 경우에 해당하지 않는 것은?

① 가연성가스(아세틸렌, 에틸렌 및 수소 제외) 중 산소용량이 전체용량의 4% 이상인 것
② 산소 중의 가연성가스의 용량이 전체 용량의 4% 이상인 것
③ 아세틸렌, 에틸렌 또는 수소 중의 산소용량이 전체 용량의 2% 이상인 것
④ 산소 중의 아세틸렌, 에틸렌 및 수소의 용량 합계가 전체용량의 4% 이상인 것

| 해설 | • 압축금지 가스
㉠ 아세틸렌, 에틸렌, 수소 중 산소가 전체용량의 2% 이상인 경우
㉡ 산소 중 아세틸렌, 에틸렌, 수소의 합계가 2% 이상인 경우
㉢ 가연성가스(아세틸렌, 에틸렌, 수소 제외) 중 산소가 전체용량의 4% 이상인 경우
㉣ 산소중 가연성가스(아세틸렌, 에틸렌, 수소 제외)의 용량 합계가 4% 이상인 경우

| 정답 | 16. ① 17. ① 18. ② 19. ④

20 지상에 설치하는 정압기실 방호벽의 높이와 두께 기준으로 옳은 것은?

① 높이 2m, 두께 10cm 이상의 철근콘크리트벽
② 높이 1.5m, 두께 12cm 이상의 철근콘크리트벽
③ 높이 2m, 두께 12cm 이상의 철근콘크리트벽
④ 높이 1.5m, 두께 15cm 이상의 철근콘크리트벽

| 해설 | 정압기실 방호벽 기준 : 높이 2m, 두께 12cm 이상의 철근콘크리트벽 이상일 것

21 다음에서 설명하는 법칙은?

> 모든 기체 1몰의 체적(V)은 같은 온도(T), 같은 압력(P)에서는 모두 일정하다.

① 달톤의 법칙
② 헨리의 법칙
③ 아보가드로의 법칙
④ 헤스의 법칙

| 해설 | 아보가드로의 법칙
모든 기체 1몰은 표준상태에서 22.4L의 부피와 6.02×10^{23}개의 분자수를 갖는다.

22 고압가스 안전관리법에서 정하고 있는 보호시설이 아닌 것은?

① 의원
② 학원
③ 가설건축물
④ 주택

| 해설 | • 1종 보호시설
 가. 학교, 유치원, 어린이집, 놀이방, 어린이놀이터, 학원, 병원(의원을 포함한다.) 도서관, 청소년수련시설, 경로당, 시장, 목욕탕, 호텔, 여관, 극장, 교회 및 공회당
 나. 사람을 수용하는 건축물(가설 건축물 제외한다)로서 사실상 독립된 부분의 연면적이 1,000m² 이상인 것
 다. 예식장, 장례식장 및 전시장 그 밖의 이와 유사한 시설로서 300명 이상을 수용할 수 있는 건축물
 라. 아동, 노인, 모자, 장애인 그밖에 이와 유사한 시설로서 20명 이상을 수용할 수 있는 건축물
 마. 문화재 보호법에 따라 지정문화재로 지정된 건축물

• 2종 보호시설
 가. 주택
 나. 사람을 수용하는 건축물(가설 건축물 제외한다)로서 사실상 독립된 부분의 연면적이 100m² 이상 1000m² 미만인 것

23 가연성가스 배관의 출구 등에서 공기 중으로 유출하면서 연소하는 경우는 어느 연소형태에 해당하는가?

① 확산연소
② 증발연소
③ 표면연소
④ 분해연소

| 해설 | 가스연소는 예혼합연소와 확산연소로 분류되며 배관에서 공기 중으로 유출하여 연소하는 것은 확산연소에 해당된다.

| 정답 | 20. ③ 21. ③ 22. ③ 23. ①

24 탱크로리 충전작업 중 작업을 중단해야 하는 경우가 아닌 것은?

① 탱크 상부로 충전 시
② 과충전 시
③ 가스 누출 시
④ 안전밸브 작동 시

| 해설 | 탱크로리 충전시 탱크상부 충전은 작업중단 경우는 아니다.

25 다음 중 물과 접촉시 아세틸렌가스를 발생하는 것은?

① 탄화칼슘   ② 소석회
③ 가성소다   ④ 금속칼륨

| 해설 | 탄화칼슘(CaC_2 : 카바이트)은 물과 반응하여 아세틸렌을 생성한다.

26 지름 9cm인 관속의 유속이 30m/s이었다면 유량은 약 몇 m³/s인가?

① 0.19   ② 2.11
③ 2.7   ④ 19.1

| 해설 | 유량 = 단면적 × 유속
$= \frac{\pi}{4}(0.09)^2 \times 30 = 0.19 m^3/sec$

27 용기에 의한 고압가스 판매시설의 충전용기 보관실 기준으로 옳지 않은 것은?

① 가연성가스 충전용기 보관실은 불연재료나 난연성의 재료를 사용한 가벼운 지붕을 설치한다.
② 가연성가스 충전용기 보관실에는 가스누출검지 경보장치를 설치한다.
③ 충전용기 보관실은 가연성가스가 새어나오지 못하도록 밀폐구조로 한다.
④ 용기보관실의 주변에는 화기 또는 인화성 물질이나 발화성물질을 두지 않는다.

| 해설 | 가연성가스 충전용기 보관실은 통풍구를 2방향 이상 분산해서 설치한다.

28 용기 종류별 부속품의 기호 중 압축가스를 충전하는 용기밸브의 기호는?

① PG   ② LG
③ AG   ④ LT

| 해설 | PG : 압축가스
LG : 액화가스
AG : 아세틸렌
LT : 초저온 용기 및 저온용기

29 액화석유가스 충전용 주관 압력계의 기능 검사 주기는?

① 매월 1회 이상
② 3월에 1회 이상
③ 6월에 1회 이상
④ 매년 1회 이상

| 해설 | 충전용 주관 압력계 기능검사는 매월 1회 이상 한다.

| 정답 | 24. ① 25. ① 26. ① 27. ③ 28. ① 29. ①

30 천연가스 지하 매설 배관의 퍼지용으로 주로 사용되는 가스는?

① N_2 ② Cl_2
③ H_2 ④ O_2

| 해설 | 가스배관 퍼지용으로는 비활성 가스인 질소가스를 사용한다.

31 암모니아 충전용기로서 내용적이 1000L 이하인 것은 부식 여유치가 A이고, 염소 충전용기로서 내용적이 1000L 초과하는 것은 부식 여유치가 B이다. A와 B항의 알맞은 부식 여유치는?

① A : 1mm, B : 2mm
② A : 1mm, B : 3mm
③ A : 2mm, B : 5mm
④ A : 1mm, B : 5mm

| 해설 | • 용기부식 여유수치
  ㉠ 암모니아 1000L 이하 : 1mm
        1000L 초과 : 2mm
  ㉡ 염소 1000L 이하 : 3mm
        1000L 초과 : 5mm

32 다음 가스폭발의 위험성 평가기법 중 정량적 평가방법은?

① HAZOP(위험성운전 분석기법)
② FTA(결함수 분석기법)
③ Check List법
④ WHAT-IF(사고예상질문 분석기법)

| 해설 | • 위험물 평가기법
  ㉠ 정량적 위험성 평가
    • 작업자 실수 분석 • 결함수 분석
    • 사건수 분석   • 원인 결과 분석
  ㉡ 정성적 위험성 평가
    • 체크리스트기법
    • 사고 예상질문 분석
    • 위험과 운전분석

33 독성가스 배관은 2중관 구조로 하여야 한다. 이 때 외층관 내경은 내층관 외경의 몇 배 이상을 표준으로 하는가?

① 1.2
② 1.5
③ 2
④ 2.5

| 해설 | 독성가스 2중관의 외층관은 내층관의 1.2배 이상일 것

34 수소취성을 방지하는 원소로 옳지 않은 것은?

① 텅스텐(W) ② 바나듐(V)
③ 규소(Si)   ④ 크롬(Cr)

| 해설 | • 수소취성(탈탄작용)을 방지하기 위한 첨가 금속원소
  텅스텐, 크롬, 티타늄, 몰리브덴, 바나듐

35 자동제어의 용어 중 피드백 제어에 대한 설명으로 틀린 것은?

① 자동제어에서 기본적인 제어이다.
② 출력측의 신호를 입력측으로 되돌리는 현상을 말한다.
③ 제어량의 값을 목표치와 비교하여 그것들을 일치하도록 정정동작을 행하는 제어이다.
④ 미리 정해진 순서에 따라서 제어의 각 단계가 순차적으로 진행되는 제어이다.

| 해설 | 시퀀스 제어 : 정해진 순서에 따라 제어단계를 순차적으로 진행하는 방식

| 정답 | 30. ① 31. ④ 32. ② 33. ① 34. ③ 35. ④

36 직동식 정압기의 기본 구성요소가 아닌 것은?

① 안전밸브
② 스프링
③ 메인밸브
④ 다이어프램

| 해설 | • 직동식 정압기의 기본구성 요소
  ㉠ 메인밸브 : 가스 유량을 그 개도에 의해서 직접 조정하는 부분
  ㉡ 다이어프램 : 2차압력을 감지하여 그 2차 압력의 변동을 메인밸브에 전하는 부분
  ㉢ 스프링(또는 웨이트) : 조정되어야 할 압력(2차압력)을 설정한 부분

37 고압식 액화산소 분리장치에서 원료공기는 압축기에서 어느 정도 압축되는가?

① 40 ~ 60atm
② 70 ~ 100atm
③ 80 ~ 120atm
④ 150 ~ 200atm

| 해설 | 공기액화분리장치의 원료공기의 압축압력은 150 ~ 200atm 정도이다.

38 프로판가스의 위험도(H)는 약 얼마인가? (단, 공기 중의 폭발범위는 2.1 ~ 9.5v%이다.)

① 2.1   ② 3.5
③ 9.5   ④ 11.6

| 해설 | $H = \dfrac{U-L}{L} = \dfrac{9.5-2.1}{2.1} = 3.5$

39 공기의 액화 분리에 대한 설명 중 틀린 것은?

① 질소가 정류탑의 하부로 먼저 기화되어 나간다.
② 대량의 산소, 질소를 제조하는 공업적 제조법이다.
③ 액화의 원리는 임계온도 이하로 냉각시키고 임계압력 이상으로 압축하는 것이다.
④ 공기 액화 분리장치에서는 산소가스가 가장 먼저 액화된다.

| 해설 | 공기액화 분리장치는 비등점 차에 의해서 분리되는 원리로 −183℃의 산소가 먼저 액화되어 탑저(하부)에서 얻어지고 비점 −196℃의 질소는 탑정(상부)에서 액화되어 얻어진다.

40 다음은 무슨 압력계에 대한 설명인가?

> 주름관이 내압변화에 따라서 신축되는 것을 이용한 것으로 진공압 및 차압 측정에 주로 사용된다.

① 벨로우즈압력계
② 다이어프램압력계
③ 부르동관압력계
④ U자관식압력계

| 해설 | 주름관이 압력변화에 따라 신축되는 것을 이용한 압력계로서 진공압 및 차압측정에 사용되는 것을 벨로우즈 압력계이다.

| 정답 | 36. ① 37. ④ 38. ② 39. ① 40. ①

41 액화석유가스 충전사업자의 영업소에 설치하는 용기저장소 용기보관실 면적의 기준은?

① 9m² 이상 ② 12m² 이상
③ 19m² 이상 ④ 21m² 이상

| 해설 | LPG 충전사업자의 용기저장소 면적기준은 19m² 이상일 것

42 고압가스안전관리법에서 정하고 있는 특수고압가스에 해당되지 않는 것은?

① 아세틸렌 ② 포스핀
③ 압축모노실란 ④ 디실란

| 해설 | • 특수가스 종류
압축모노실란, 압축디보레인, 액화알진, 포스핀, 세렌화수소, 게르만, 디실란 및 그 밖의 반도체의 세정 등 특수한 용도에 사용되는 고압가스를 말한다.

43 도시가스의 웨버지수에 대한 설명으로 옳은 것은?

① 도시가스의 총발열량(kcal/m³)을 가스비중의 평방근으로 나눈 값을 말한다.
② 도시가스의 총발열량(kcal/m³)을 가스비중으로 나눈 값을 말한다.
③ 도시가스의 가스비중을 총발열량(kcal/m³)의 평방근으로 나눈 값을 말한다.
④ 도시가스의 가스비중을 총발열량(kcal/m³)으로 나눈 값을 말한다.

| 해설 | $WI = \dfrac{Hg}{\sqrt{d}}$
(WI : 웨버지수, d : 가스비중, Hg : 총발열량)

44 이상기체에 잘 적용될 수 있는 조건에 해당되지 않는 것은?

① 온도가 높고 압력이 낮다.
② 분자 간 인력이 작다.
③ 분자크기가 작다.
④ 비열이 작다.

| 해설 | 이상기체는 분자간 인력이 작용하지 않고 분자 자신의 부피가 없다고 가정하므로 압력이 낮고 온도가 높으면 이상기체의 특성을 띤다고 설정한다. 그러므로 비열이 작은 것은 이상기체 적용 조건과는 거리가 멀다.

45 암모니아의 성질에 대한 설명으로 옳은 것은?

① 상온에서 약 8.46atm이 되면 액화한다.
② 불연성의 맹독성 가스이다.
③ 흑갈색의 기체로 물에 잘 녹는다.
④ 염화수소와 만나면 검은 연기를 발생한다.

| 해설 | • 암모니아 특성
㉠ 물에 잘 녹는다.
㉡ 무색의 기체로 강한 자극성의 취기가 있으며 독성이며 가연성이다.
㉢ 염화수소(HCl)와 반응하여 백연을 발생한다.
㉣ 20℃에서 8.46atm으로 압축하면 액화된다.
㉤ 증발잠열이 301.8kcal/kg으로 냉동기 냉매로 사용된다.

46 다음 중 동일차량에 적재하여 운반할 수 없는 경우는?

① 산소와 질소
② 질소와 탄산가스
③ 탄산가스와 아세틸렌
④ 염소와 아세틸렌

| 해설 | 가스 운반 시 동일차량에 적재할 수 없는 가스는 염소와 아세틸렌, 암모니아와 수소이다.

| 정답 | 41. ③ 42. ① 43. ① 44. ④ 45. ① 46. ④

47 표준 대기압 상태에서 물의 끓는점을 °R로 나타낸 것은?

① 373 ② 560
③ 672 ④ 772

| 해설 | 물의 끓는점 100℃ → °F + 460 °R

$$\left\{\left(100 \times \frac{9}{5}\right) + 32\right\} + 460 = 672 \, °R$$

48 온도계의 선정방법에 대한 설명 중 틀린 것은?

① 지시 및 기록 등을 쉽게 행할 수 있을 것
② 견고하고 내구성이 있을 것
③ 취급하기가 쉽고 측정하기 간편할 것
④ 피측온체의 화학반응 등으로 온도계에 영향이 있을 것

| 해설 | 온도측정에서 피측온체의 화학반응으로 온도계에 영향을 미치게 되면 정확한 온도 측정이 어렵다.

49 조정기를 사용하여 공급가스를 감압하는 2단 감압방법의 장점이 아닌 것은?

① 공급압력이 안정하다.
② 중간배관이 가늘어도 된다.
③ 각 연소기구에 알맞은 압력으로 공급이 가능하다.
④ 장치가 간단하다.

| 해설 | • 2단 감압조정기 장점
㉠ 공급압력이 안정하다.
㉡ 중간배관이 가늘어도 된다.
㉢ 각 연소기구에 알맞은 압력으로 공급이 가능하다.
㉣ 배관 입상에 의한 압력강하를 보정할 수 있다.

50 다음 중 제백효과(Seebeck effect)를 이용한 온도계는?

① 열전대 온도계
② 광고온도계
③ 서미스터 온도계
④ 전기저항 온도계

| 해설 | 제백효과 : 열전대온도계에서 2종류의 금속에 접속한 2점 사이에 온도차를 주게 되면 기전력이 발생되어 그 전위차를 이용한다.

51 펌프는 주로 임펠러의 입구에서 캐비테이션이 많이 발생한다. 다음 중 그 이유로 가장 적당한 것은?

① 액체의 온도가 높아지기 때문
② 액체의 압력이 낮아지기 때문
③ 액체의 밀도가 높아지기 때문
④ 액체의 유량이 적어지기 때문

| 해설 | 캐비테이션은 펌프의 입구 측, 즉 임펠러 입구에서 발생되는 이유는 흡입유속이 빠르기 때문에 압력이 낮아진다.

52 60℃의 물 300kg과 20℃의 물 800kg을 혼합하면 약 몇 ℃의 물이 되겠는가?

① 28.2 ② 30.9
③ 33.1 ④ 37

| 해설 | $$\frac{(60 \times 1 \times 300) + (20 \times 1 \times 800)}{300 + 800} = 30.9℃$$

| 정답 | 47. ③ 48. ④ 49. ④ 50. ① 51. ② 52. ②

53 다음 중 비점이 가장 낮은 기체는?

① NH₃   ② C₃H₈
③ N₂   ④ H₂

| 해설 | • 비점
① 암모니아 : -33.4℃
② 프로판 : -44.8℃
③ 질소 : -196℃
④ 수소 : -252℃

54 일산화탄소 가스의 용도로 알맞은 것은?

① 메탄올 합성
② 용접 절단용
③ 암모니아 합성
④ 섬유의 표백용

| 해설 | CO의 용도는 메탄올 합성의 원료이다.

55 다음 각 가스의 특성에 대한 설명으로 틀린 것은?

① 수소는 고온, 고압에서 탄소강과 반응하여 수소취성을 일으킨다.
② 산소는 공기 액화분리장치를 통해 제조하며, 질소와 분리시 비등점 차이를 이용한다.
③ 일산화탄소는 담황색의 무취 기체로 허용농도는 TLV-TWA 기준으로 50ppm이다.
④ 암모니아는 붉은 리트머스를 푸르게 변화시키는 성질을 이용하여 검출할 수 있다.

| 해설 | 일산화탄소는 무색무취의 기체로 독성이며 50ppm이다.

56 다음 가스 허용농도 값이 가장 적은 것은?

① 염소
② 염화수소
③ 아황산가스
④ 일산화탄소

| 해설 | 염소 : 1ppm, 염화수소 : 5ppm, 아황산가스 : 5ppm, 일산화탄소 : 500

57 회전펌프의 특징에 대한 설명으로 틀린 것은?

① 토출압력이 높다.
② 연속토출되어 맥동이 크다.
③ 점성이 있는 액체에 성능이 좋다.
④ 왕복펌프와 같은 흡입·토출밸브가 없다.

| 해설 | 회전식펌프는 연속송출로 액의 맥동이 적다.

58 시안화수소(HCN)의 위험성에 대한 설명으로 틀린 것은?

① 인화온도가 아주 낮다.
② 오래된 시안화수소는 자체 폭발할 수 있다.
③ 용기에 충전한 후 60일을 초과하지 않아야 한다.
④ 호흡 시 흡입하면 위험하나 피부에 묻으면 아무 이상이 없다.

| 해설 | 시안화수소는 특성이 강하며 극히 휘발하기 쉽고 위험하다.

| 정답 | 53. ④ 54. ① 55. ③ 56. ① 57. ② 58. ④

59 수은을 이용한 U자관 압력계에서 액주높이(h) 600mm, 대기압(P_1)은 1kg/cm²일 때, P_2는 약 몇 kg/cm²인가?

① 0.22
② 0.92
③ 1.82
④ 9.16

| 해설 | $P_2 = P_1 + h = 1\text{kg/cm}^2 + \left(\dfrac{600}{760} \times 1.033\right)$
$= 1.82 \text{kg/cm}^2$

60 차압식 유량계의 계측 원리는?

① 베르누이의 정리를 이용
② 피스톤의 회전을 적산
③ 전열선의 저항값을 이용
④ 전자유도법칙을 이용

| 해설 | 차압식 유량계는 베르누이 정리를 이용한 계측기이다.(오리피스, 벤튜리)

| 정답 | 59. ③ 60. ①

가스기능사 CBT 모의고사 문제집

초판 인쇄	2025년 1월 20일
초판 발행	2025년 1월 30일

저 자	김영석
발 행 인	조규백
발 행 처	도서출판 구민사 (07293) 서울특별시 영등포구 문래북로 116, 604호(문래동 3가 46, 트리플렉스)
전 화	(02) 701-7421
팩 스	(02) 3273-9642
홈 페 이 지	www.kuhminsa.co.kr

신고번호	제2012-000055호 (1980년 2월 4일)
ISBN	979-11-6875-469-0　13500

값 ｜ 20,000원

※ 낙장 및 파본은 구입하신 서점에서 바꿔드립니다.
※ 본서를 허락없이 부분 또는 전부를 무단복제 게재행위는 저작권법에 저촉됩니다.